AF356201

# INSTINCT

MOEURS ET SAGACITÉ

# DES ANIMAUX,

OU

## LETTRES DE DEUX AMIES

SUR L'HISTOIRE NATURELLE

RECUEILLIES ET PUBLIÉES

### PAR M. B. ROUSSE,

PROFESSEUR D'HISTOIRE NATURELLE;

ORNÉES DE VIGNETTES D'APRÈS LES DESSINS

DE M. HUET, PEINTRE AU JARDIN DU ROI.

A PARIS,

## CHEZ WERDET, LIBRAIRE,

RUE DES GRANDS AUGUSTINS, N. 21.

LEDENTU, QUAI DES AUGUSTINS, N. 17.

1830

## NOUVELLES PUBLICATIONS.

**LETTRES A CAMILLE** *sur la Physiologie de l'homme*, ou exposition des fonctions que remplissent les diverses parties qui constituent le corps humain, par M. Isidore Bourdon, de l'académie royale de Médecine, etc. 1 joli vol. in-18, couverture imprimée.     3 50

**INSTINCT, MOEURS ET SAGACITÉ DES ANIMAUX**, ou lettres de deux amies sur l'histoire naturelle, par M. B. Rousse, professeur d'histoire naturelle; 1 vol. in-12, imprimé sur beau papier, et orné de vignettes d'après les dessins de M. Huet, peintre au Jardin du Roi.     3 50

**L'ANATOMIE DE L'HOMME** mise à la portée des gens du monde et de la jeunesse, par M. J. Govin, D. M., ancien préparateur des leçons d'anatomie du prof. J. Cloquet. 1 vol. in-18, orné de fig.     » 75

**TRAITÉ ÉLÉMENTAIRE DE RHÉTORIQUE** *et d'Eloquence* à l'usage de la jeunesse de toutes les écoles et des pères de famille, par M. F. Malepeyre. 1 vol. in-18.     » 60

**TRAITÉ D'ARITHMÉTIQUE ÉLÉMENTAIRE** à l'usage de la jeunesse de toutes les écoles, et des pères de famille, par M. A. Lagrange, 1 vol. in-18.     » 50

**TRAITÉ DE GÉOMÉTRIE ÉLÉMENTAIRE** à l'usage de la jeunesse de toutes les écoles et des pères de famille, par M. F. Malepeyre. 1 vol. in-18, orné de fig.     » 75

**GÉOGRAPHIE DE LA FRANCE** *et de ses Colonies*, ou description historique et topographique de chaque département, ses productions, manufactures, commerce, popula-

tion, superficie, distances de Paris , curiosités anciennes et modernes , etc. , à l'usage de
la jeunesse de toutes les écoles et des pères de
familles, par M. P. Lallemant. 1 vol. in-18, couv.
imprimée.                                                   » 60

ALPHABET MILITAIRE , ou nouvelle manière
d'apprendre à lire aux enfans tout en les amu-
sant, *figures coloriées* , format in-8°.                    4

Cet ingénieux Alphabet est aussi nèuf que pi-
quant. Il représente près de 80 costumes mili-
taires de tous les pays; au-dessus de chaque groupe
de soldat , l'on a placé les lettres de l'alphabet du
pays qu'il représente. Ces lettres sont dans les caractères *romain , italique et anglais.*

Ainsi l'enfant, tout en *jouant aux soldats* ,
apprend non-seulement à connaître toutes les lettres de l'alphabet, mais encore à lire l'*écriture an-
glaise,* qui de jour en jour devient le genre d'é-
criture que l'on enseigne dans les pensions.

LE BRÉVIAIRE DE JACQUES AMYOT, joli
vol. in-16 , imprimé sur pap. vélin.                         2

Charmant recueil de pensées *inédites* d'Amyot,
et complément de ses œuvres.

TRAITÉ PRATIQUE *de tous les actes civils et
commerciaux* que l'on peut faire sous seing-privé
par M. L. Malepeyre , avocat à la cour royale
de Paris etc. , 1 fort vol. in-18 , imprimé en
petit texte, et nonpareille.                                 3

LETTRES ÉDIFIANTES et curieuses écrites des
missions étrangères , 14 gros vol. in-8°, ornés
de 50 gravures.                                             80

OEUVRES COMPLÈTES DE VOLTAIRE, édi-
tion publiée par M. Beuchot , 70 vol in-8° sur
carré vélin. Chaque volume.                                4 50

18 vol. sont en vente.

PARIS, IMPRIMERIE DE E. POCHARD,
Rue du Pot-de-Fer, n. 14.

# INSTINCT

## MOEURS ET SAGACITÉ

# DES ANIMAUX.

# INSTINCT

MŒURS ET SAGACITÉ

## DES ANIMAUX

OU

## LETTRES DE DEUX AMIES

SUR L'HISTOIRE NATURELLE

*recueillies et publiées*

## PAR M. B. ROUSSE,

PROFESSEUR D'HISTOIRE NATURELLE,

ET ORNÉES DE VIGNETTES D'APRÉS LES DESSINS

DE M. HUET, PEINTRE AU JARDIN DU ROI.

## A PARIS

### CHEZ WERDET, LIBRAIRE,

RUE DES GRANDS AUGUSTINS, N. 21.

LEDENTU, QUAI DES AUGUSTINS, N. 17.

—

M DCCC XXX.

# PRÉFACE.

Les lettres que nous offrons à la jeunesse, et qui, nous l'espérons, seront accueillies avec bienveillance, sont extraites d'une correspondance réelle, qui s'était établie entre deux jeunes amies, au moment où l'une d'elles fut contrainte, par suite de quelques revers de fortune, de s'arracher à l'amitié pour aller passer une année auprès d'une pauvre parente qui réside dans l'un de nos départemens de l'ouest.

Les détails sur l'histoire naturelle que ces lettres renferment, et dont l'importance et l'étendue pourraient paraître au-dessus des connaissances de deux jeunes personnes, leur ont été fournis par deux naturalistes distingués, dont l'un réside en province, et dont l'autre, actuellement à Paris, est bien connu du monde savant, par ses voyages féconds en découvertes utiles et par ses connaissances étendues. Les anecdotes intéressantes dont ces lettres sont semées et qui concernent toutes l'instinct ou la sagacité des animaux, sont la plupart inédites et puisées en grande partie aux sources mêmes, ou enfin recueillies de la bouche de personnages graves et dignes de foi, ou d'individus qui avaient été les témoins de ces petites scènes agréables.

La correspondance dont nos lettres sont extraites, avait beaucoup plus d'étendue; mais nous nous sommes borné à ne donner que celles d'entre elles qui renferment des faits curieux sur l'histoire naturelle ou des souvenirs anecdotiques intéressans et authentiques. Nous avons cru devoir conserver la forme épistolaire, afin de ne pas mutiler les peintures naïves et agréables tracées par la main de deux jeunes demoiselles spirituelles, et de ne pas ravir à ces lettres le charme que leur plume a souvent donné aux détails quelquefois arides de la science. Notre petit volume a un double avantage: il initie sans effort la jeunesse à la connaissance d'une foule de faits intéressans de l'histoire des animaux, et il lui offre en même temps dans son but moral et dans son développement une excellente leçon dont elle pourra profiter.

B. R.

# INSTINCT

## MOEURS

## ET SAGACITÉ DES ANIMAUX.

## LETTRE PREMIÈRE.

### CAROLINE A ÉMILIE.

Ma chère Émilie,

C'est demain l'anniversaire de ma naissance ; demain j'aurai dix-huit ans. Une société nombreuse avait été invitée et l'on avait
fait de brillans préparatifs pour célébrer ce
jour heureux. Le salon de la jolie maison de
mon tuteur devait être décoré de guirlandes
et de festons de fleurs naturelles, et illuminé
en verres de couleur ; la musique était com-
mandée, afin que mes jeunes hôtes pussent
se livrer au plaisir de la danse, enfin je ne rê-
vais que plaisirs et que divertissemens. Mais

hélas! j'avais oublié le chapitre des événemens, et c'est avec dépit que j'ai vu s'éva-
nouir tous ces projets de bonheur.

Monsieur de Saint-Léon, que depuis ma
plus tendre enfance j'ai l'habitude de regarder
comme un père, est, ainsi que vous le savez, le dépositaire de toute ma fortune. Des
spéculations malheureuses sur les fonds pu-
blics viennent de consommer sa ruine, et je
suis obligée, pour le moment, d'avoir recours
à la bonté de ma tante, qui vit avec sa fille
dans le fond de la Bretagne, des produits
d'une propriété rurale très bornée.

Élevée, comme je l'ai été, au sein des
plaisirs et de l'élégance; accoutumée à être
entourée de tous les prestiges de la mode et
du bon ton; habituée aux fêtes bruyantes de
Paris, comment pourrai-je supporter cette
vie simple et monotone que ma bonne tante
et ma cousine mènent dans leur province?
Il me faudra donc entièrement changer toutes mes habitudes? Depuis que j'avais quitté
la pension, je disposais de mes momens à
peu près à ma volonté; la matinée était généralement employée à faire des emplettes et à

visiter les boutiques de nouveautés avec de jeunes demoiselles de ma connaissance; ou bien j'allais à la promenade aux Tuileries, ou je me livrais à d'autres amusemens de ce genre. Tous mes après-dînés se passaient toujours en société, soit chez nous, soit chez des amies. Le peu d'instans de loisir que me laissaient ces parties de plaisir journalières, je les employais à mon piano ou à la lecture de quelques nouveautés agréables. Quel changement cruel va s'opérer tout à coup! Je vais être réduite à la société de deux personnes entièrement étrangères à ces habitudes, à ces pratiques élégantes que j'ai toujours regardées comme le premier bien de la vie; je vais être bannie de Paris, et contrainte de consumer mes jours dans un village solitaire où jamais on n'entend peut-être le bruit si doux des équipages qui roulent sur le pavé! Demain, au lieu des fêtes qui devaient rappeler si gaîment le jour de ma naissance, je quitte, dans une diligence, cette délicieuse capitale. Hélas, si j'arrive à bon port dans le lieu de mon exil, je vous ferai connaître les détails de ma réception, et je vous apprendrai jusqu'à quel point je me serai résignée à ce nouveau genre de vie que je suis contrainte d'embrasser !

Quelle que soit la rigueur du sort qui m'accable, je me flatte, ma chère Émilie, que j'aurai toujours la même part dans votre affection, et que vous ne me priverez pas d'un bien dont j'ai joui depuis le moment où le hasard nous a réunies dans la même pension. La fortune capricieuse m'est contraire, mais je crains peu ses dédains tant qu'elle continuera de vous sourire, et tant que je ne verrai pas se refroidir cette amitié dont vous avez donné des preuves nombreuses à votre infortunée Caroline.

## LETTRE II.

### LA MÊME A LA MÊME.

Chère Émilie,

Le mouvement dur et fatigant de la voiture, sa marche lente et l'abattement de mon esprit, ont rendu très pénible le premier jour

de mon voyage. Le soir, malgré l'accable-
ment de mes forces, je n'avais pas même une
femme de chambre pour m'aider à me dés-
habiller. Pour la première fois de ma vie, j'ai
senti combien une demoiselle de bon ton
était maladroite et peu industrieuse ; cependant je me suis consolée en réfléchissant que
la nécessité m'apprendrait peut-être à faire
un meilleur usage de mes mains. Malgré cette
position toute nouvelle pour moi, et quoique
seule et abandonnée pour la première fois
dans une auberge et au milieu d'étrangers,
j'ai cependant dormi profondément, et le
matin, je me suis trouvée beaucoup plus dis-
posée que le jour précédent à accueillir avec
civilité les prévenances et les attentions des
autres voyageurs ; car en vérité, Émilie,
ces prévenances, que quelques jours auparavant j'aurais reçues avec fierté et comme
des témoignages de respect de la part de mes
inférieurs, sont devenues pour moi, dans la
situation désespérée où je me trouve, une
bien douce consolation. Le soir du second
jour, je suis arrivée chez ma tante, très satisfaite de me voir dès-lors sous la protection

d'une personne respectable qui voulait bien reconnaître en moi sa parente. Ma cousine est venue me recevoir à la porte avec les marques les plus sincères de l'affection et de la cordialité. Elle est presque de deux années plus âgée que moi. Sa figure n'est pas régulièrement belle, mais il y a dans tous ses traits une expression de douceur charmante, et sa bouche surtout sourit avec une grace inimitable. Le premier coup-d'œil m'a convaincue que je ne pouvais être malheureuse avec une semblable compagne. Elle eut l'obligeance de me présenter elle-même à ma tante qui se reposait dans une jolie salle basse d'où l'on découvrait un admirable paysage. Ma tante s'est levée pour me recevoir, et avec l'expression affectueuse d'une mère, elle m'a priée de considérer désormais sa maison comme la mienne propre. Cette idée de dépendance a cependant fait rouler quelques larmes dans mes yeux, et ce n'est qu'avec peine que je suis parvenue à balbutier un mot de remerciement. Ma bonne tante a deviné le motif de mes pleurs ; mais sans paraître y faire attention, elle a changé la conversation et l'a détournée sur le sujet des accidens de mon voyage; de concert avec sa fille, elle m'a prodigué tous les soins délicats dont on pourrait environner l'ami ou l'hôte le plus respectable, mais non pas une parente pauvre et ruinée qui venait implorer sa bonté et lui demander un asile.

Ma tante a bien quarante ans, et doit avoir été extrêmement jolie. Tout en elle respire l'indulgence et la bonté; à cet air de bienveillance se joignent des traits fins et spirituels et une certaine dignité dans les manières qui impriment pour sa personne un respect mêlé d'un sentiment affectueux. Assurément je ne m'attendais guère à trouver deux personnes d'un pareil mérite au fond de la Bretagne. Leur maison, quoique petite, offre cependant toutes les commodités nécessaires à une famille modeste, et de ma chambre on découvre un paysage qui aurait offert un beau sujet aux pinceaux du Poussin ou de Claude Lorrain. Dans le fond, on aperçoit un groupe de montagnes fort élevées, couronnées d'arbres épais, et des flancs du rocher s'échappe une cascade limpide. Après les pluies de printemps et d'automne, cette cascade forme une véritable cataracte qui revèt les noirs rochers des environs d'une écume légère, éblouissante de blancheur. Au pied de la montagne, ces flots tumultueux prennent un cours paisible, et se perdent après plusieurs détours dans une plaine immense parée de la plus riche végétation. Toute la campagne environnante est charmante, et les promenades, qui ont pour moi le charme de la nouveauté, m'ont paru délicieuses. J'oubliais de vous dire que la maison est entourée d'un joli petit jardin, cultivé uniquement par les mains de ma tante et de ma cousine.

Le premier jour, je fus dans une sorte de stupeur, et je ne sus comment employer mes loisirs; ma tante qui ne veut pas briser tout à coup mes anciennes habitudes, et qui est bien convaincue de la maladresse que je mettrais à m'acquitter de toutes ces petites occupations de ménage qui employent tout son temps, m'a cependant demandé un matin si je n'aimerais pas à m'occuper à quelque chose; en ajoutant que le remède le plus certain contre l'ennui, était une succession

de travaux utiles et agréables. Elle m'a priée
ensuite de cueillir des fleurs pour remplacer
celles qui décoraient la cheminée du salon.
Après plusieurs essais infructueux avant d'a-
voir pu les grouper à ma satisfaction, ma
tante et ma cousine sont entrées, et ont loué
avec bonté le goût avec lequel j'avais distri-
bué ces fleurs. Cette petite occupation a été
pleine d'intérêt pour moi ; aussi ma tante m'a-
t-elle chargée depuis de plusieurs légers travaux qui, quoique bien différens des amusemens de la ville, ne laissent pas d'avoir de
l'attrait. Vous ririez peut-être, chère amie,
de me voir affublée d'un tablier de couleur,
un panier au bras, accompagner, aussitôt
après le déjeûner, ma cousine Cécile à la basse
cour où nous sommes aussitôt entourées de
familles nombreuses d'oiseaux domestiques
qui me divertissent beaucoup par leurs riva-
lités, leurs querelles, et surtout par la tendre sollicitude des pères et mères pour leur
faible progéniture. Dès que nous entrons,
tout est en confusion et en désordre, tous se
poussent et se pressent pour venir recueillir les
premiers grains qui vont s'échapper de mon

panier ou de ma main. Le coq, roi de notre
basse cour, est superbe et se promène majes-
tueusement dans ses domaines, suivi de ses
tendres compagnes, qui toutes sont très jolies ; car Cécile a l'attention de n'élever que
les plus belles et les plus élégantes de l'espèce.

Afin de vous donner une idée de mes occupations journalières, je commencerai par
décrire les momens qui suivent mon réveil :
je me lève à six heures, et presque une demi-
journée avant l'heure où je sortais du lit à
Paris. Cette pratique est vraiment admirable
pour la santé, et vous ne sauriez concevoir
quelle fraîcheur elle a donnée à mon teint.
Dès que nous sommes habillées, nous nous
réunissons toutes dans la salle basse pour entendre madame Dufresne lire un chapitre de
la Bible ou de quelqu'autre bon livre de piété.
Si vous assistiez à nos prières du matin, vous
seriez émerveillée de l'onction que ma tante répand sur la parole divine des livres sacrés. Marguerite, servante âgée, qui depuis bien des
années est dans la famille, et qui a fidèlement
suivi sa maîtresse au milieu de toutes les vi-

cissitudes que sa fortune a éprouvées, assiste régulièrement à ces prières avec une jeune fille, nommée Marie, que ma tante a fait venir du hameau voisin pour assister Marguerite dans ses pénibles travaux. Dans le premier moment, je fus étonnée de voir les serviteurs se mêler ainsi parmi nous, mais ma tante, sans condamner ma folle vanité, me démontra bientôt que le salut du plus humble des mortels est aussi agréable à Dieu que celui du plus puissant monarque, et que les chefs de famille sont responsables envers le Tout-Puissant de l'instruction religieuse et des bonnes mœurs de ceux qu'il a mis sous leur dépendance.

Dès que la lecture est terminée, nous allons faire un tour de jardin jusqu'à ce que le déjeûner soit préparé. Ce petit enclos rappelle à mon esprit les jardins suspendus de Babylone, car, comme eux, il paraît suspendu sur le penchant d'un coteau, et ses allées, en serpentant, forment une suite de terrasses qui s'élèvent successivement les unes au-dessus des autres, jusqu'à la dernière qu est ombragée par plusieurs rangs d'arbres épais et élevés. Au bout d'une de ces avenues, est un bosquet entouré d'un bois taillis naturel, du sein duquel s'échappe une source limpide qui descend par une suite de cascades jusqu'au pied du coteau, où elle forme un bassin dont l'eau aussi pure que le cristal permet de distinguer toutes les manœuvres et les gambades d'une foule de petits poissons nuancés de vives couleurs; des plantes rares, des fleurs des pays lointains sont cultivées, dans ce joli jardin, par ma tante et ma cousine, toutes deux fort instruites dans la botanique et dans l'art de cultiver les jardins. Une enceinte fermée par des arbrisseaux toujours verts, sert à la culture des végétaux et des simples employés dans la médecine; madame Dufresne les distribue gratuitement aux pauvres dont elle est en même temps l'amie, l'appui et l'ange tutélaire; vous me plaindriez un peu moins si vous pouviez être témoin de toute l'amitié et de tout le respect que lui portent toutes les bonnes gens des environs. Cécile et moi nous donnons à peu près une heure aux soins du jardin, car vous saurez que je commence à me rendre utile ; pendant ce temps-là, ma tante dirige tout ce qui concerne l'intérieur de la maison, et donne audience aux pauvres qui viennent la consulter. Je n'ai pu découvrir encore par quel secret elle administre toute sa maison, mais tout ce que je sais, c'est que, avec un revenu très borné, elle vient à bout de vivre honorablement et de secourir tous ceux qui se trouvent réellement dans le besoin.

Lorsque notre déjeûner est achevé et que tous les travaux domestiques sont terminés, nous nous occupons des ouvrages à l'aiguille, tandis que l'une de nous lit à haute voix les passages les plus intéressans d'ouvrages utiles. Le plus beau meuble de la maison est un vaste corps de bibliothèque en acajou, rempli de livres sur toutes les sciences. Madame Dufresne l'appelle son trésor, et prétend que c'est le seul débris utile de sa fortune qu'elle soit parvenue à sauver du naufrage.

Nous dînons de bonne heure, et nous employons la plus grande partie de l'après-midi à dessiner et à peindre. Cécile excelle dans cet art, et reproduit avec une rare habileté les objets variés de la nature. Souvent nous nous promenons en conversant, et nous terminons toujours la journée comme nous l'avons commencée, par la lecture des saintes écritures. Enfin nous allons nous coucher lorsque le beau monde de Paris sort de table. Quelque gothique que vous paraisse ce genre de vie, je commence tout à fait à croire qu'il est plus raisonnable que celui que je menais chez M. de Saint-Léon. Sans doute, il faudra bien encore quelque temps avant que je puisse me plier entièrement à ces nouvelles habitudes, avant de pouvoir bannir de mon esprit les plaisirs et le souvenir du monde élégant, enjoué, et de bon ton parmi lequel je vivais, avant enfin de m'accoutumer à n'être qu'une villageoise, une provinciale obscure et dépendante; mais cette idée, qui souvent m'accable, est promptement écartée par l'exemple de madame Dufresne qui me prouve qu'on peut subir une pareille méta-morphose et y trouver le bonheur. Adieu, vous recevrez bientôt une nouvelle lettre de votre amie.

# LETTRE III.

### LA MÊME A LA MÊME.

Ma chère Émilie,

Toutes mes anciennes connaissances ont pitié de moi, et ne peuvent concevoir comment j'existe encore. Vous pouvez leur annoncer que je commence à prendre goût à mon nouveau genre de vie, et que quand j'en aurai l'habitude, j'y serai extrêmement attachée. Jamais mon temps ne s'est écoulé avec autant de rapidité, car je ne suis pas un seul instant sans rien faire. Je me rappelle que lorsque j'étais à Paris, les heures s'écoulaient avec une lenteur désespérante parce que je n'avais aucun but dès que je n'a-vais pas d'engagement. C'est bien différent maintenant, tout m'occupe et devient inté-ressant pour moi, et n'allez pas vous imagi-ner qu'il n'y a pas de variété dans ces occu-pations, c'est tout le contraire, et la conversation de madame Dufresne est à elle seule un fonds inépuisable d'instruction et d'agrément. Ma tante a fréquenté long-temps le grand monde, elle a brillé tour à tour dans diverses sociétés ; elle a saisi ces occasions pour étudier le cœur humain, et elle a perfectionné ou rectifié ses observations par la réflexion ou par l'étude. Elle possède d'ailleurs l'art délicat et peu commun de corriger les fautes de ceux qui l'entourent avec une grâce et un abandon si naturels et si agréables, qu'elle parvient promptement à se concilier leur affection en même temps qu'elle redresse leurs écarts.

En me conduisant pas à pas vers une succession bien entendue de travaux variés, elle m'a presque entièrement guérie de cette habitude d'oisiveté qui consiste à consumer son temps sans rien faire, ou à s'occuper de choses sans utilité ou sans importance. « Chassez le chagrin, ma chère Caroline, me dit-elle, par des occupations qui développent votre jugement en perfectionnant les qualités de votre cœur. Venez avec moi, mon amie, venez apprendre à de jeunes filles les

devoirs que leur impose le Tout-Puissant et
la société. Dans une école que j'ai fondée à
peu de distance de notre maison, une bonne
femme, moyennant un léger salaire que je
lui donne, enseigne à ces aimables enfans la
lecture et le travail des mains ; mais je me suis
réservé de leur expliquer l'importance des
vérités de la religion, la nécessité de pratiquer les vertus, enfin les avantages de la
modération, de l'ordre et des bons principes.
Tous ces jeunes cœurs simples et naïfs me ché-
rissent, et peu d'heures de ma vie sont plus
agréables que celles que je passe à contempler les progrès de la raison de ces êtres innocens. » J'ai accompagné ma tante à l'école,
et j'avoue que jamais je n'avais ressenti une
joie aussi pure et aussi douce. Je me propose
de répéter fréquemment mes visites, et je
me suis chargée de diriger six de ces créatures intéressantes. A la vue de leur bienfai-
trice, leurs visages fleuris s'épanouissaient
de joie et d'amour, et tous s'empressaient
autour d'elle pour en obtenir une caresse ou
un regard d'approbation.

La table de notre salle est fréquemment

couverte de cartes géographiques des différends pays du globe, et ma tante se plaît à nous en faire connaître les climats, les productions et le caractère de leurs habitans. Mais son étude favorite est l'histoire naturelle; elle est dirigée dans cette étude par **M. Maurice**, notre voisin, qui a des connaissances fort étendues sur cette matière. Tous deux désirent m'initier aux secrets de la nature; mais je suis si novice, si étrangère à toute étude, que je crains bien qu'ils ne perdent le fruit de leurs peines. Cependant, je désire vivement diriger mon attention vers ce sujet, car je m'aperçois, avec envie, qu'il procure des plaisirs bien agréables à ma tante et à ma cousine, car vous saurez que Cécile est aussi naturaliste; la fleur la plus insignifiante, l'insecte le plus indifférent sont pour elles un sujet d'admiration, et je prétends désormais partager avec mes amies des plaisirs auxquels j'ai jusqu'ici été étrangère.

**M.** Maurice nous a invitées à vouloir bien assister à des lectures sur l'histoire naturelle qui doivent avoir lieu chez lui deux fois par semaine. Je prendrai des notes pour en extraire ce qu'il y aura de plus intéressant, et je vous l'enverrai, si vous avez la patience ou le loisir de le lire.

Voilà comme mon excellente tante s'efforce de varier mes occupations dans cette campagne solitaire ; elle a si complètement réussi à m'occuper agréablement, que, si ce n'est l'embarras que je lui occasionne, je ne voudrais pas pour tout au monde reprendre mon ancien genre de vie; d'ailleurs, ma chère Cécile (n'allez pas au moins en être jalouse) est si prévenante, si douce, si aimable, si modeste ; c'est un modèle si accompli de piété filiale, que je l'aime de tout mon cœur. Je sens moi-même combien elle me surpasse dans la pratique de toutes les vertus. En me séparant de vous, ma chère Émilie, j'ai ressenti un bien vif chagrin, mais j'éprouve un peu de consolation par notre correspondance, et surtout en pensant que ce mode de communication me procurera fréquemment le plaisir de vous assurer que je suis toujours, avec un cœur sincère, votre amie dévouée.

---

# LETTRE IV.

### LA MÊME A LA MÊME.

Ma bonne Émilie,

M. et M^{me} Maurice sont véritablement
d'heureux époux, étrangers de tous ces vains
simulacres de la politesse de bon ton, leurs
manières ont cependant toute l'aisance et la
délicatesse des personnes d'un rang élevé
dans la société ; à ces qualités aimables, ils
unissent une simplicité et une cordialité vraiment charmantes. M. Maurice est le père de
tout le village, il ne s'occupe qu'à instruire
les ignorans, à soulager les malheureux, à
visiter les malades, à consoler les affligés, et
à ramener par les voies de la persuasion et
de la douceur ceux qui se laissent entraîner
à des penchans vicieux ; lorsque ces devoirs
qu'il s'est imposés sont remplis, et qu'il lui
reste quelques momens de loisir, il les con-
sacre à l'étude de la nature. Sa femme, qui

est encore jeune et jolie, est le véritable modèle d'une bonne ménagère. Nous avons
passé hier toute notre après-midi avec eux,
et la conversation a roulé sur l'instinct des
animaux. Comme vous m'avez témoigné le
désir de profiter de mes études pour prendre
une idée des merveilles de la nature, je débu-
terai par vous faire connaître l'opinion de
M. Maurice sur l'instinct, et je tâcherai de
m'exprimer sur ce sujet de la manière la plus
claire et la plus facile.

« Les limites exactes de l'instinct, dit-il,
sont difficiles à tracer, car la sagacité des
animaux s'élève quelquefois jusqu'à la raison,
et dépasse souvent les bornes que la nature
semble avoir tracées à leurs facultés intellec-
tuelles, facultés qui, la plupart du temps,
paraissent se renfermer dans certaines actions mécaniques, essentielles à leur bien-être
ou à celui de leur famille. Dans les animaux
de la même espèce, l'instinct paraît être invariablement le même, quoique les individus
qui composent cette espèce n'aient jamais eu
l'occasion d'apprendre d'exemple. Ainsi un
serin emprisonné dans une cage bâtit un nid

entièrement conforme à ceux que construisent les mêmes oiseaux dans les bois des îles Canaries, si l'on met à sa disposition les matériaux nécessaires à cette construction; et cependant il n'a jamais vu les nids que construisent en état de liberté ceux de son espèce.

« L'instinct dirige chaque espèce d'oiseau, et leur apprend à choisir la forme particulière qui convient le mieux au bien-être et au nombre de leurs petits. C'est cette impulsion naturelle qui guide l'aigle et qui le porte à établir son aire au sommet des arbres les plus élevés, des tours ou des rochers, tandis que l'alouette, cédant à cette même impulsion, irrésistible aussi pour elle, établit son humble demeure à terre et entre deux sillons. Si toute la race emplumée n'obéissait qu'au hasard, il règnerait partout une extrême confusion. Les oiseaux aquatiques seraient souvent contraints de s'établir sur un désert aride, tandis que l'autruche verrait s'anéantir ses espérances en déposant ses œufs sur le bords des eaux. Conduits par ce sentiment infaillible, tous les animaux ovipares déposent les germes de leur nouvelle famille dans une situation où ces jeunes rejetons trouveront en même temps protection contre leur faiblesse, une situation propre à leurs mœurs, et une nourriture abondante et adaptée à leurs besoins.

« Les résultats de l'instinct sont permanens et sont on ne peut pas mieux appropriés à celui qui possède cette faculté, qu'il soit quadrupède, oiseau, poisson ou insecte. La raison est de toute autre nature, elle combine, cède ou modifie, elle se laisse gouverner par les circonstances et se plie avec une admirable facilité aux goûts particuliers et aux désirs des individus. L'instinct enseigne aux hommes à se garantir de l'inclémence des saisons, mais c'est la raison seule qui leur apprend à choisir leur abri et à le placer de manière à satisfaire les goûts, l'habitude ou la commodité. La raison est donc variable dans son action et l'instinct uniforme. La première est le plus beau privilége de l'homme, c'est le cachet auquel on reconnaît son intelligence, l'instinct au contraire porte un caractère mécanique, qui ne peut servir à marquer le degré de supériorité ou de mérite de celui qui en est doué.

« Une abeille quelconque est tout aussi habile qu'une autre pour former une cellule sur un plan géométrique uniforme. Tous les individus d'une même espèce, developpent la même adresse dans toutes les actions qui émanent de l'instinct, chacun remplit sa tâche en perfection; il ne dégenère pas, mais il n'améliore rien, et les abeilles d'aujourd'hui ne sont pas plus savantes que celles du temps des patriarches. Les mêmes remarques s'appliquent à toutes les différentes familles d'animaux, tous élèvent leurs petits, se procurent leur nourriture, se défendent contre leurs ennemis d'après des principes invariables, et sans que l'un soit en aucune manière supérieur à un autre de son espèce.

« Voila donc, ajouta-t-il, une distinction bien tranchée entre la raison et l'instinct. Poursuivons la comparaison. La raison est essentiellement progressive; elle se développe de l'enfance à la maturité et même d'une génération à une autre comme nous en voyons un exemple parmi les sauvages qui passent souvent à l'état de peuples civilisés. Dans l'origine d'une société, les hommes se procurent seulement ce qui peut satisfaire leurs besoins les plus pressans ; mais à mesure qu'ils s'éclairent, des notions précises, fruit d'expériences réfléchies, font promptement éclore les sciences qui sont d'abord dans un état rude et grossier ; les découvertes utiles se propagent, les inventions se multiplient, et enfin se développent toutes les douceurs et tous les avantages de la vie sociale. Dans les animaux l'art, si l'on peut lui donner ce nom, est toujours stationnaire, et arrive, dès le premier essai, à sa perfection. Chaque individu est maître passé dans son art sans avoir besoin d'instruction ou de modèle. Il y a encore une différence importante entre la raison et l'instinct ; la première réfléchit et se dirige par tel ou tel motif, l'autre n'a d'autre but que de satisfaire un penchant irrésistible. Les hommes combinent les faits, pèsent les circonstances diverses, prévoient et apprécient les conséquences, et se déterminent à agir en employant les moyens qui doivent les conduire le plus directement à leur but. On ne remarque rien de semblable dans le règne animal ; les individus y répètent tous la même action sans prévoir le résultat et sans tenir compte des conséquences. »

« Eclaircissons ceci par un exemple et supposons qu'un homme désire entreprendre la construction d'un moulin. D'abord il calcule l'étendue de ses ressources pécuniaires et il s'assure que sa fortune est suffisante pour faire face aux frais qu'exige la construction de son moulin. Il choisit avec discernement un endroit élevé et découvert, il achète du bois de charpente, il engage plusieurs de ses semblables, habiles dans différens arts, tels que des charpentiers, des maçons, des serruriers, à l'assister dans la construction de sa machine. Il leur procure les matériaux, ils se mettent à l'ouvrage, et quand tout a été disposé par eux, chaque pièce est rangée successivement à sa place, et s'adapte avec ordre et facilité. Le maître examine encore quelle destination il donnera à son moulin; il sait qu'il faut modifier certaines pièces, si c'est du bled, ou tout autre grain qu'il doit moudre, enfin il n'a pas oublié de fixer à l'avance si son moulin marchera par le vent, l'eau ou la vapeur. Tous ces objets doivent être réglés,

par la réflexion, la raison, la volonté, la
science ou l'expérience, toutes choses dont
l'animal le plus industrieux est incapable. Un
oiseau tresse, carde ou assemble tous les fils
ou toutes les buchettes de son nid; il fait
comme ont fait de tout temps ses ancêtres,
sans faire aucun usage des facultés de l'esprit.
Bien des animaux accumulent des provisions,
sans pour cela prévoir en rien les vicissitudes
des saisons. Les hommes labourent, sèment,
cultivent, moissonnent, recueillent les fruits
de la terre, par suite de l'expérience et du
raisonnement, qui leur enseignent qu'il y a
un temps pour l'abondance et la récolte et un
autre où la nature ne produisant plus rien, il
faut, pendant l'abondance, mettre en réserve
les biens qui lui serviront pendant le repos de
la terre. C'est toujours un motif qui guide
l'homme, et un penchant qui conduit l'animal. La raison est supérieure à l'instinct, mais
celui-ci surpasse quelquefois la première
dans la perfection et la rectitude de ses opérations. Les cellules des abeilles sont construites d'après des principes géométriques,
mais toutes sont uniformes et bâties sur le

même plan chez les abeilles de tous les pays
et de tous les temps ; cependant on trouverait
difficilement un artiste qui pourrait ainsi former vingt mille de ces petites cellules, avec
autant d'exactitude et dans des proportions
si strictement les mêmes.

« Pour accomplir les opérations identiques
de l'instinct, il faut au reste reconnaître
que les animaux d'une même espèce sont
doués d'organes qui ont dans tous une admirable uniformité, et qui sont tellement bien
adaptés au rôle que doit jouer l'animal, qu'ils
réunissent la légèreté à la force, l'élégance à
la commodité, et le mettent en état avec son
instrument parfait, d'exécuter un travail dont
l'homme le plus ingénieux ne pourrait imiter
ni la bonne construction ni la délicatesse.
Avouons encore que quelques unes de ces
créatures, surtout quand l'état de domesticité a développé leurs facultés, font preuve
d'une sagacité si extraordinaire, si bien appro-
priée aux circonstances, qu'elle semble beaucoup s'approcher de la raison. Cette espèce
de supériorité parmi certains animaux entre
dans le plan de la nature. Elle a cherché à

composer des gradations qui se lient si insensiblement les unes aux autres, qu'il est difficile d'y remarquer des ordres ou des classes
sensibles ou tranchées. A la première occasion, je vous ferai connaître plusieurs exemples sur ce sujet ; je vous en ai dit assez pour
aujourd'hui. »

J'ai écouté ce discours avec une attention
soutenue, et il m'a fait tant de plaisir que j'ai
désiré vous le faire connaître de suite dans
l'espoir qu'il vous sera également agréable.

J'ai la tête si dure que je crois que j'aurai
bien des difficultés à surmonter, si je veux
apprendre les divisions du système botanique
de Linné; encore ne suis-je pas certaine que
le dégoût ou la fatigue ne me rebuteront pas
avant de retenir toutes ces descriptions
arides. Je ne vous parle pas de ce système
parce que vous le trouverez développé dans
tous les ouvrages sur l'histoire naturelle,
mais je me bornerai à vous communiquer
la partie de nos leçons qui sera relative à
l'instinct et à la sagacité du monde animal,
dans l'espérance que vous en recueillerez un
véritable plaisir. Ma lettre est bien longue ;

adieu, regardez-moi toujours comme votre sincère amie.

---

## LETTRE V.

### LA MÊME A LA MÊME.

Chère Emilie,

Une fourmilière qui est venue s'établir dans une de nos plus jolies plates-bandes nous a donné beaucoup d'occupation; mais je ne regrette pas notre peine, parce que nous y avons trouvé l'occasion d'étudier de nouvelles merveilles. Cécile, quoique vexée de voir ses fleurs couvertes de fourmis qui allaient et venaient sans cesse, épiait cependant tous leurs mouvemens avec un intérêt qui attira bientôt mon attention. Je m'approchai de la fourmilière et à ma grande surprise je m'aperçus d'abord que tous ces insectes étaient généralement sans ailes, mais que cependant quelques uns d'entre eux étaient pourvus de quatre ailes grandes et relevées. Cécile m'apprit aussitôt que ceux que décoraient ces ailes, étaient d'un sexe différent des fourmis qui n'en portaient pas; c'étaient les pères et mères de toute la colonie; car il faut savoir, ajouta-t-elle, que la plus grande partie des fourmis sont dans un état neutre, qui ne leur permet pas de reproduire leur semblable. Ces neutres travaillent pour toute la société, construisent la fourmilière, pourvoient à la nourriture de tous, prennent soin des œufs et élèvent les jeunes fourmis. Ils s'acquittent encore de bien d'autres devoirs, et avec tant de sagacité qu'on serait tenté de croire qu'ils sont doués de la raison. J'ai passé une partie de la matinée à contempler cette multitude laborieuse, et c'est avec un vrai plaisir que je les ai vues attaquer en foule un quartier de pêche tombé à terre près de leur demeure. Après avoir satisfait leur appétit, ces fourmis ont tenté de transporter le reste dans leurs greniers; c'était une masse trop pesante pour leur force, aussi se sont-elles mises à en arracher des lambeaux qu'elles voituraient avec effort jusqu'à leur domicile. Ce qu'une seule ne pouvait

porter était enlevé par deux, trois ou plusieurs d'entre elles, et transporté avec facilité.
Enfin quelques unes saisirent un insecte qui
par ses dimensions colossales pouvait à peine
être ébranlé par plusieurs de ces laborieux
manœuvres; elles eurent alors recours au
même expédient que tout à l'heure, on coupa
la tête et les jambes, puis on traîna son cadavre en triomphe. Mais toutes les difficultés
n'étaient pas encore vaincues, elles rencon-
trèrent sur leur chemin un petit sillon suivi
d'une légère éminence, qui s'opposaient à leur
passage; comme d'actifs pionniers les fourmis
aplanirent l'éminence, comblèrent le sillon,
et le colosse continua son chemin.

Cécile, qui voyait tout l'intérêt que m'inspirait leurs mouvemens, me proposa de me
lire le récit vraiment curieux des mœurs des
*Termites*, insectes qui habitent les pays situés
entre les tropiques, et dont les habitudes, en
quelque sorte semblables à celles de nos fourmis, sont peut-être encore plus curieuses. Je
joins ici une copie de ce récit, puisque vous
m'apprenez que mes lettres ont stimulé votre
zèle pour l'histoire naturelle. Je crois que

vous trouverez de vives jouissances dans cette étude, et je suis charmée d'apprendre que pendant votre séjour à la campagne vous avez dirigé votre attention vers des objets qui sont devenus pour moi le sujet de récréations journalières. Je prévois ainsi que les incidens simples et peu variés de ma vie rurale pourront devenir intéressans pour vous. Cécile désire que vous vouliez bien la compter au nombre de vos amies, et elle se hasarde de joindre ses complimens à ceux de votre affectionnée Caroline.

## MOEURS DES TERMITES

### OU FOURMIS BLANCHES DES ANTILLES.

L'homme doit aussi bien diriger son attention sur les créatures qui peuvent lui être utiles ou lui rendre des services, que sur celles qui par leurs ravages menacent de troubler son repos ou son bien-être. Les animaux farouches ne sont pas les seuls contre lesquels il doive se tenir en garde ou qu'il soit obligé de combattre ; des insectes de dif-

férentes espèces qui par leurs dimensions
exiguës, leur faiblesse ou leur obscurité ne
paraissent pas, à la première vue, propres à
inquiéter dans la jouissance de ses biens un
être raisonnable et le maître altier de la création, deviennent cependant pour lui la source
d'inquiétudes et d'incommodités. Souvent le
fermier a été trompé dans ses espérances,
des nations entières ont vu leurs ressources
taries ou épuisées par de faibles insectes,
dont les déprédations ont donné naissance
à toutes sortes de calamités. C'est parmi les
classes les plus destructives d'animaux qu'il
faut ranger les termites qu'on rencontre en
Afrique et dans tous les autres climats brûlés
par les feux du soleil. Leur penchant à la
destruction s'exerce avec tant d'art et d'une
manière si extraordinaire, que souvent la
vigilance ne suffit pas pour se mettre à l'abri
de leurs attaques. N'est-on pas étonné d'apprendre qu'un petit animal de la forme et de
la dimension d'une fourmi mine les maisons,
détruit leurs appuis ainsi que toutes les constructions en bois, s'introduit à travers les
portes, les murs, les planchers, dévore les

vêtemens, les livres et tous les objets qui ne sont pas en métal ou en pierre ! Si les naturels d'un pays abandonnent pour quelque temps un de leurs villages construits en bois, ces destructeurs audacieux s'en emparent de suite, et détruisent si complètement les constructions, qu'en moins de deux ou trois ans, il n'en reste d'autres vestiges que quelques pièces en fer qu'ils n'ont pas pu dévorer.

Peut-être quelques exemples de leur étonnante rapacité amuseront-ils ceux qui n'ont pas été à même de connaître ces hôtes redoutables. Pour donner une idée exacte de leur instinct de destruction, je rapporterai les faits suivans. Un ingénieur, qui avait été obligé de faire une reconnaissance dans un district du Brésil, laissa sur une table, au moment de se coucher, sa malle qu'il croyait ainsi en sûreté ; mais le lendemain matin, ses vêtemens et ses papiers étaient tellement hachés menu qu'on aurait eu peine à trouver un fragment de la grandeur de l'ongle.

Une autre fois, une légion de ces termites ayant découvert un tonneau de vin de Madère, attaqua avec tant d'activité les douves du tonneau, qu'en peu de temps toute la liqueur s'en échappa.

La plus grosse espèce de termites, car il y en a plusieurs, approche des lieux qu'elle veut envahir au moyen des galeries souterraines qui pénètrent au-dessous des fondations des maisons, puis elle remonte en droite ligne, perce les planchers, se répand partout, ou bien s'élève peu à peu, et en suivant le fil du bois dans les charpentes qui soutiennent la maison, y perce milles galeries, et les réduit en poudre. Elle pénètre alors dans le toit, s'en empare, y construit avec les débris des matériaux humectés et gâchés de nouvelles galeries qui lui servent de passages pour se porter dans toutes les parties du bâtiment et pour y vivre à couvert jusqu'à son entière destruction. Elle préfère généralement les bois tendres, tels que le pin, le bouleau, le sapin, qu'elle mine avec tant de propreté, que tout l'intérieur est excavé et enlevé tandis qu'à l'extérieur le bois a conservé une apparence de force, et paraît en bon état. Une planche épaisse percée de la sorte conserve au premier coup-d'œil une solidité apparente, mais elle se brise bientôt si on y pose quelque corps pesant, et dans la main elle pèse à peine autant qu'une feuille légère de carton de la même dimension. Ce termite porte si loin l'art de dépecer ainsi le bois, que souvent les charpentes ou les pieux en plein air, qu'il attaque, en deviennent flexibles au moindre vent. Comme ce mouvement contrarie ses travaux, l'insecte rend alors un peu de solidité au bois en l'enduisant intérieurement d'un mortier fait avec de l'argile détrempé; si on touche avec quelque corps dur ce squelette de bois, tout s'écroule en poussière et disparaît. Dans les forêts, lorsqu'un gros arbre périt de vétusté, les fourmis entrent dans l'intérieur par le pied, le dévorent à loisir en ne laissant que l'écorce. Dans ce cas, elles ne prennent aucune précaution pour soutenir l'édifice; mais cependant à la première vue, quelqu'un qui ne connaît pas leurs ravages, pourrait croire que les arbres que le termite a minés sont sains et en bon état. Mais une chose bien extraordinaire, c'est que souvent quand ces insectes ont formé mille galeries dans les appuis et dans le toit d'une maison, ils cherchent alors à prévenir la chute de l'édifice, qui leur serait funeste, en remplaçant tout le bois qu'ils dévorent par un mortier d'argile si bien gâché et combiné, qu'il acquiert en peu de temps une dûreté considérable, de façon qu'une maison qui reposait sur des poteaux en charpente, s'appuie après leurs travaux sur des piles en pierres dures et résistantes.

Nous avons dit qu'il était plus facile de se garantir des attaques des gros animaux sauvages, que de celles de ces dangereux ennemis; et si l'on considère leur activité dans l'art de détruire, leur nombre incalculable, leur étonnante multiplication, un observateur superficiel sera peut-être tenté de se demander dans quel but ces insectes ont été créés, et pourquoi ils ont été doués d'un instinct si préjudiciable à l'homme? Mais celui qui est habitué à s'en rapporter à la sagesse infinie du Tout-Puissant, hésitera long-temps avant de croire qu'aucun être sorti de ses mains puisse être, dans un sens absolu, inutile ou malfaisant. Il se rappellera

que, dans une foule d'autres circonstances,
ce qu'on regarde comme un mal apparent,
est, la plupart du temps, la source d'avantages incontestables et nombreux ; il en con-
clura que la même observation pourrait bien
être applicable au cas qui nous occupe, et
en poussant plus loin ses investigations, il
découvrira que dans les pays où les termites
abondent, la végétation se développe avec une
extrême rapidité et avec un luxe étonnant,
mais que cette activité est contrebalancée par
la célérité avec laquelle tous les végétaux s'y
détruisent et s'y corrompent par des causes
naturelles ou accidentelles ; et que si des
myriades de travailleurs infatigables ne s'occupaient à déblayer et à désorganiser les débris, ces pays fertiles et rians deviendraient
bientôt des foyers de corruption inhabi-
tables pour l'homme et les animaux, par
l'insalubrité de l'air et des produits de la
terre et des eaux. Sous ce point de vue,
les termites sont des créatures précieuses
qui rendent des services utiles, et je soutiens
même que si l'on parvenait à anéantir leur
race, les conséquences en seraient si déplo-

rables, qu'on s'apercevrait promptement du rôle important qu'ils jouent dans ces climats. C'est une loi invariable de la nature que tout être qui est parvenu à sa maturité, doit décliner, puis disparaître pour faire place à un autre; ce principe est applicable aux végétaux comme aux animaux : aussi lorsque des arbres ou des portions entières de forêts ont été arrachés ou désorganisés par des ouragans, des tempêtes ou le feu du ciel, l'instinct propre à mille créatures diverses les pousse à briser, dévorer, hacher ou consumer ces débris, et à hâter leur destruction complète. Aucune d'elles ne met plus d'activité dans ce genre de services que les termites, puisqu'en quelques semaines ils divisent en des milliers d'atomes qu'ils transportent au loin, les arbres les plus volumineux, et préparent ainsi la place qu'ils occupaient pour de nouveaux végé-taux.

Tout incommode qu'ils puissent être aux individus, les termites sont donc d'une utilité incontestable dans le plan général de la nature. Leurs déprédations sur les biens et les travaux des hommes sont des accidens qui résultent de leur activité à remplir le rôle bienfaisant pour lequel ils ont été créés.

Mais il est temps de décrire l'aspect de cet insecte et l'instinct qu'il manifeste pour pourvoir à sa conservation. Ces petits êtres ont reçu le nom de fourmis blanches, d'après la couleur qu'ils ont lorsqu'ils viennent de naître, et la similitude de leurs habitudes avec celles des fourmis d'Europe, qu'ils surpassent d'ailleurs dans l'habileté de leurs constructions et par la sagesse de leur gouvernement intérieur.

Les termites vivent en commun, et bâtissent des nids qui, suivant les espèces, diffèrent par la forme, la situation ou la couleur. Nous nous attacherons particulièrement dans nos descriptions à celui que les naturalistes ont nommé *termite belliqueux*, parce que c'est une grosse espèce qui a pu être observée avec plus de soin. Les nids de cette espèce sont si nombreux que dans plusieurs endroits on ne peut faire cent pas sans en rencontrer un, et en même temps d'une dimension si grande, qu'à distance on pourrait les prendre pour la demeure des sauvages du pays. Ces nids ont ordinairement la forme d'un pain de sucre, ils s'élèvent perpendiculairement à dix ou douze pieds du sol. La croute extérieure peut être comparée à un toit qui les met à l'abri des injures de l'air et des attaques des autres animaux ; l'intérieur de l'édifice est divisé artistement en appartemens appropriés à certains usages qu'on comprendra mieux, quand nous aurons fait connaître les habitudes et les mœurs de ces insectes. Assurément ces constructions, si l'on considère la dimension des architectes, sont vraiment gigantesques, et elles sont d'une solidité telle, que les bufles sauvages qui font sentinelle pendant que le reste du troupeau rumine ou paît sans crainte, montent généralement sur ces nids à demi construits, et y établissent leur observatoire. Pour élever ce vaste cône, les termites commencent d'abord par construire un petit cône toujours de forme pyramidale et d'un pied environ de hauteur ; à côté de celui-ci ils en construisent un semblable et ainsi de suite jusqu'à ce qu'ils aient tracé l'enceinte qui doit former la base du grand cône. Dans l'intérieur de cette enceinte ils élèvent de nouveaux cônes, mais toujours de plus en plus haut à mesure qu'ils approchent du centre où se trouve le plus grand de tous. Enfin ils joignent tous les sommets de ces cônes par une vaste coupole qui forme le grand cône extérieur. Celui-ci terminé, ils détruisent toutes les pyramides intérieures et emploient les matériaux à d'autres constructions.

Dans chaque communauté on trouve trois sortes d'habitans, qui ne sont, à vrai dire, que le même insecte qui subit, comme le ver à soie, trois sortes de métamorphoses. Les termites ouvriers ont environ trois lignes de longueur, et sont les plus nombreux puisqu'il y en a au moins cent pour chaque guerrier, nom que leur donne le célèbre voyageur Smeathmann quand ils ont subi leur première métamorphose. Dans ce second état ils ont une forme un peu différente, et le poids de leur corps qui est augmenté équivaut environ à celui de quinze ouvriers. Les organes de la bouche subissent alors un changement remarquable et qui s'adapte parfaitement au rôle nouveau que l'insecte va jouer. Tant qu'il a été ouvrier sa bouche était conformée pour ronger, percer ou se saisir des corps; mais devenu tout à coup insecte guerrier, il doit être muni d'armes offensives pour repousser les attaques de ses ennemis; aussi est-il armé d'une paire formidable de mâchoires dentelées, capables de faire de profondes blessures, et implantées sur une tête grosse et cuirassée, plus forte que tout le reste du corps. La deuxième métamorphose n'est pas moins étonnante: toutes les parties du corps de l'insecte ont dépouillé leur forme primitive, et quatre ailes brunâtres, larges et transparentes, procurent au termite la faculté de s'élever dans les airs et d'aller au loin fonder de nouvelles colonies. Leur corps a pris en même temps les dimensions et le poids de ceux de trente ouvriers, et de chaque côté de la tête brillent deux yeux éclatans dont il n'existait pas auparavant la moindre trace. Le plus grand nombre de ces citoyens ailés quitte le cône qui les a vus naître, émigre au loin, périt dans l'espace de quelques heures, et devient la proie d'une innombrable quantité d'oiseaux, de serpens, d'insectes, et de l'homme lui-même : c'est, dit-on, un mets fort délicat et très nourrissant, qui ne demande d'autre apprêt que d'être légèrement approché des charbons ardens. Les seuls couples qui sont assez heureux pour survivre aux nombreuses vicissitudes qui les attendent dans leur émigration, sont recueillis à terre par les ouvriers qui, à cette époque, errent çà et là avec anxiété pour les découvrir parmi le gazon. Aussitôt qu'ils ont rencontré un de ces couples, ils commencent par le mettre à l'abri des nombreux ennemis en lui construisant une petite chambre en terre; les deux individus de ce couple deviennent alors le père et la mère d'une nouvelle colonie, et on les distingue des autres habitans du nid par les titres de roi et de reine. L'instinct est le seul mobile qui dirige toutes les actions de ces insectes industrieux, les pousse à la conservation de leur espèce, et à environner aussi de soins et d'une protection spéciale le précieux couple et toute sa postérité. La chambre qui va former l'élément d'un nid nouveau est con-

struite avec tant d'adresse et de solidité que
le roi et la reine y sont parfaitement en sûreté; mais l'entrée en est si étroite qu'elle ne
permet ni à l'un ni à l'autre d'en sortir; en
conséquence, le soin que réclament les œufs
et les petits est entièrement dévolu aux ouvriers qui bâtissent à la hâte de nouvelles
chambres pour recevoir les nourrissons. Ces
chambres sont petites, irrégulières, et placées d'abord autour de l'appartement royal,
et à peu près de la dimension d'une noisette ;
mais une fois que le grand nid est construit,
ces chambres, que les termites reconstruisent
sur un nouveau plan, sont beaucoup plus
vastes, et s'étendent sur un bien plus grand
espace de terrain : ces sortes de berceaux
pour les jeunes termites sont toujours composés de débris de bois joint et assemblés
fortement au moyen d'une espèce de gomme,
et revêtus, pour plus de sûreté, à l'extérieur,
d'un enduit solide de terre ou d'argile. La
chambre qui contient le roi et la reine est
ordinairement au niveau du sol; et comme
toutes les autres chambres sont construites
régulièrement autour de celle-là, il s'ensuit

que ce palais royal se trouve toujours immédiatement au-dessous de la pointe du cône
qui les enveloppe toutes. Toutes ces salles
qui servent les unes aux nourrissons et les
autres de magasins, forment un labyrinthe
inextricable dont les chambres principales
sont séparées par des passages et des galeries
qui les entourent ou permettent de communiquer de l'une à l'autre ; ce labyrinthe s'é-
tend de tous côtés jusqu'au dôme extérieur,
et s'élève, dans son intérieur, à peu près aux
deux tiers de sa hauteur ; mais il laisse au-
dessous du sommet de ce dôme une sorte
d'espace vide qui rappelle au spectateur la
forme de la nef des anciennes cathédrales,
puisqu'on y remarque trois ou quatre voûtes
qui peuvent bien avoir deux ou trois pieds
de hauteur sous le sommet du cône, mais
qui diminuent de hauteur à mesure qu'elles
s'en éloignent et qui vont se perdre dans les
innombrables chambres qui se trouvent au-
dessous d'elles. Cette habileté dans la construction et la distribution de ces chambres
ou passages qui sont tous voûtés et se prêtent
un mutuel appui, le choix de ce dôme creux

propre à concentrer une douce chaleur nécessaire au développement des jeunes termites, chaleur qui leur est communiquée
par des ouvertures percées dans ce but dans
les parois de chaque chambre, tout cela est
le •résultat de l'instinct; car les termites ne
sont pas doués de facultés plus relevées que
celles des autres insectes dès qu'on cherche
à les écarter de la route invariable que la
Providence leur a tracée. Sans doute la construction de leur habitation, la mise en œuvre
des différens matériaux, les soins ingénieux
qu'ils prodiguent à leur débile progéniture,
la recherche et la conservation des provisions,
l'art qu'ils manifestent pour se défendre
contre leurs ennemis, sont les suites d'un
admirable instinct qui pourrait passer pour
le fruit de l'ordre et de la réflexion; mais sé-
parez un termite de ses compagnons, placez-
le dans une situation nouvelle pour lui, et
vous verrez qu'il n'a ni jugement pour se
conduire ou se diriger, ni prévoyance pour
éviter le sort qui le menace; ses habitudes et
ses mœurs, tout admirables qu'elles vous
paraissent, proviennent donc uniquement

d'une irrésistible impulsion, et tout s'accomplit chez lui sans combiner les événemens, sans réfléchir sur l'avenir, et sans être libre de choisir tel ou tel mode d'agir.

Les termites mettent un soin particulier à garantir leur habitation de toute humidité, et les voûtes dont nous avons parlé ci-dessus forment un toit entièrement à l'abri de la pluie, et ce toit, au moyen d'une communication avec un des plus larges conduits souterrains qui rampent en différentes directions sous la base du cône, rejette toute l'eau qui pourrait s'infiltrer par le cône extérieur. Ces passages sont mastiqués avec la même argile qui sert à construire la croute extérieure du nid et montent en spirale dans l'intérieur du cône jusqu'à ce qu'ils atteignent le sommet : ils se coupent les uns les autres à différentes hauteurs, et ils ont des ouvertures, les uns dans le dôme même, et les autres dans le massif des constructions. De tous les points des grandes galeries partent de petits conduits ou galeries secondaires qui conduisent dans tous les détours du bâtiment : plusieurs de ces galeries serpentent

sous terre, d'autres descendent perpendiculairement à trois ou quatre pieds de profondeur. C'est en creusant ces galeries que les
ouvriers recueillent les matériaux qui, tra-
vaillés avec leur bouche, se changent en un
ciment ou argile solide qui sert à construire
le grand cône et toutes les chambres, conduits ou galeries, excepté les salles destinées
aux nourrissons. Quelques unes des galeries
souterraines s'étendent à une énorme distance, eu égard aux dimensions des faibles
constructeurs. Il n'est pas rare d'en voir plusieurs se prolonger à plus de cinquante ou
soixante toises de l'habitation principale. Les
grandes galeries sont les principales voies
publiques de l'état, et il faut avouer que leur
forme spirale les rend très propres à cet
usage, car il est nécessaire de savoir que les
termites montent difficilement en ligne per-
pendiculaire, surtout les guerriers, par suite
de la pesanteur et de la forme de leur tête armée. Dans toutes les parties des constructions qui s'élèvent en droite ligne, on peut
parvenir, au moyen d'une rampe en pente
douce, semblable à peu près à celles qui cir-

culent sur les flancs des montagnes escarpées
pour en rendre le passage plus aisé et la
montée plus facile. C'est probablement dans
le même but qu'ils construisent aussi une
sorte de pont d'une seule arche, qui, du
centre de l'espace vide, se rend dans un des
pieds droits des arcades qui soutiennent le
dôme : ce passage abrège considérablement
la route pour les ouvriers qui sont chargés
de transporter les œufs de la chambre royale
dans les chambres supérieures. Dans les cônes
de grande dimension, cette distance qui, en
ligne droite, peut avoir quatre ou cinq pieds,
serait incomparablement plus longue s'il fallait suivre tous les détours et toutes les sinuo-
sités des passages qui conduisent aux chambres intérieures et supérieures.

Le roi et la reine une fois enfermés dans
leur cellule solitaire, ne la quittent plus. La
reine, comme celle des abeilles, est la mère
de toute la république. Dans cette retraite,
elle subit un changement considérable, non
pas sous le rapport de la forme, mais sous
celui de l'augmentation de certaines parties
de son corps. Son abdomen ou ventre s'enfle

comme une vessie et prend une dimension énorme. Smeathmann prétend qu'il en a vu qui avaient plus de cinq pouces de longueur. C'est la reine qui pond tous les œufs qu'elle dépose, d'après l'observation, au nombre de 60 par minute, ce qui produit pendant un travail non interrompu de vingt-quatre heures, le nombre prodigieux de 86,400 œufs. Les ouvriers surveillent continuellement la reine, et dès qu'elle a déposé un œuf, ils l'enlèvent aussitôt et le transportent de suite dans une des cellules destinées à le recevoir ; c'est là que ces ouvriers leur prodiguent les soins empressés et assidus qu'une mère donne à sa progéniture chez tous les autres animaux.

C'est encore par un instinct particulier à toutes les espèces de termites que les ouvriers ou les guerriers ne paraissent jamais à l'extérieur du nid sans une nécessité absolue; toutes s'avancent et voyagent au moyen de galeries souterraines ou creusées dans les arbres ou autres matériaux qu'elles détruisent. Quand il est absolument nécessaire de voyager en plein air, la société construit des galeries ou conduits avec les mêmes matériaux qu'elle emploie pour le nid, et qui varient selon les espèces : l'une d'elles fait usage d'argile rouge, une autre d'argile brune, une troisième de débris de bois cimentés au moyen d'une gomme que les individus secrètent par la bouche. Toutes ces précautions ont pour but d'éviter les attaques de leurs ennemis, et surtout celles de la fourmi commune qui, protégée par une enveloppe ou cuirasse dure comme de la corne, est un athlète redoutable pour les termites qu'elle attaque et qu'elle enlève avec facilité pour servir de nourriture à sa jeune progéniture. Si par un accident quelconque ces conduits sont rompus ou dégradés, les termites racconmodent les brèches avec une incroyable activité; leur instinct les guide à n'attaquer que les arbres qui dépérissent ou ceux qui ont été abattus pour l'usage, et qui pourraient entrer en décomposition par suite de l'influence des élémens : les arbres sains et vigoureux n'ont nul besoin d'être pulvérisés; aussi ces destructeurs utiles et infatigables ne leur portent pas la plus légère atteinte.

Aussitôt qu'on ouvre un de leurs monti-
cules, l'alarme est générale dans tout le camp;
les guerriers se portent immédiatement sur
la brèche, cherchent à apprécier l'étendue des
ravages, ce qu'ils peuvent faire uniquement
au moyen du toucher, car on doit se rappeler
qu'ils sont privés de l'organe de la vue; leurs
mouvemens vifs et tumultueux expriment la
terreur ou la rage, et ils mordent avec fureur
tout ce qu'ils rencontrent. En froissant leurs
pinces contre les parois des murailles, ils
produisent une sorte de bruit éclatant que les
ouvriers entendent et comprennent puisqu'ils leur répondent par une espèce de sifflement. Après quelques instans, si tout est
tranquille, les guerriers se retirent dans l'intérieur des constructions, et les ouvriers accourent avec leurs mortiers et leurs matériaux
pour réparer la brèche en toute hâte et avec
beaucoup de propreté. Toutefois les guerriers n'ont pas tous disparu, quelques uns
qu'on voit çà et là au milieu de plusieurs centaines d'ouvriers semblent présider aux travaux et hâter l'activité des ouvriers en frappant de temps à autre les murs avec leurs

mâchoires, mais sans jamais prendre la moindre part à leurs travaux.

Si on renouvelle l'attaque, la même scène se répète, et chaque classe d'habitans de cette république recommence toujours les mêmes manœuvres, sans que l'imminence du danger ou l'étendue des désordres puisse amener les ouvriers à combattre ou les guerriers à travailler aux réparations de l'édifice.

Smeathmann rapporte qu'un jour étant à la chasse il aperçut un corps nombreux de termites de la plus grosse espèce qui sortait d'un trou, s'avançant avec rapidité en avant sur deux colonnes, et composé en grande partie d'ouvriers qui paraissaient commandés par plusieurs guerriers répandus parmi eux pour y maintenir le bon ordre. Pendant leur marche, qui dura quelque temps, plusieurs des insectes désignés sous le nom de guerriers, montaient sur les plantes qui se trouvaient sur le chemin de la caravane, s'arrêtaient sur les feuilles qui étaient à douze ou quinze pouces de terre, les frappaient avec leurs mâchoires, ce qui produisait un son clair, auquel l'armée répondait par un sifflement

et par une allure plus vive et mieux ordon-
née. Après avoir surveillé leur marche pendant plus d'une heure, les termites commencèrent à descendre dans la terre par deux ou
trois trous ; et ce qu'il y a de remarquable, c'est
que cette espèce était pourvue de deux yeux
très distincts, qui la rendent propre à ces
voyages ou à ces migrations en plein air.

Il serait inutile de rappeler tous les détails
qui distinguent l'instinct des espèces différentes, mais peut-être sera-t-on curieux de
connaître les formes variées que ces espèces
adoptent dans la forme extérieure de leur
nid ou dans sa position. L'une d'elle élève
le sien en forme de cylindre droit de trois
pieds environ de hauteur, et le compose de
terre ou d'argile noire bien gâchée et cor-
royée. Le cylindre est surmonté d'un toit en
forme de cône qui s'avance au-delà des parois de ce cylindre pour en écarter les eaux
pluviales. Dès que cette tourelle est élevée,
elle ne change ni de forme ni de dimension ;
seulement si les citoyens de la république
deviennent plus nombreux, on jette à quelques pouces de la première les fondemens

d'une nouvelle tourelle, qu'on élève à la même hauteur. Ces tourelles, qu'on rencontre souvent au nombre de cinq ou six au pied d'un arbre et dans le fond des bois, sont divisées intérieurement en une foule de cellules irrégulières qui sont loin d'être disposées avec l'art que le termite belliqueux manifeste dans la construction de son habitation.

Une autre espèce place son nid dans une situation toute différente, et n'emploie pas les mêmes matériaux. Ces nids sont composés de petites particules de bois réduites en pâte, et cimentées avec de la gomme ou les sucs divers qu'on rencontre sur les végétaux. Elle les place entre les branches des arbres, ou plus souvent autour de ces branches jusqu'à la hauteur de soixante ou quatre-vingts pieds ; ils sont d'une forme ovale et d'une dimension extraordinaire.

Les termites, comme nous l'avons déjà observé, abondent dans les pays situés entre les tropiques ; mais leurs nids n'acquièrent de dimensions considérables que dans les endroits qui ne sont pas cultivés. Peut-être pourrait-on offrir une description plus complète de leurs mœurs et de leur gouvernement intérieur, mais nous pensons en avoir dit assez pour prouver que le termite, suffisamment doué d'un principe instinctif d'action, doit veiller à sa conservation et à l'économie de son espèce de la manière la plus parfaite et la plus propre à remplir le but de son admirable créateur.

Le poëte Delille a embelli tous ces détails du charme de sa poésie, et c'est ainsi qu'il s'exprime dans son poëme des trois Règnes de la Nature :

Souvent aussi l'instinct varie avec les lieux ;
Comparez les fourmis, moins dignes de nos yeux,
Méconnaissant les arts de la paix, de la guerre,
Durant l'hiver entier sommeillant sous la terre,
Mais qui rôdent sans cesse, et d'un amas de grains
Remplissent à l'envi leurs greniers souterrains,
A ces nobles fourmis, dont se vante l'Afrique,
En trois classes rangeant leur sage république,
Peuple heureux d'ouvriers, de nobles, de soldats :
Que de grands monumens dans leurs petits états !
De leurs toits dont dix pieds nous donnent la mesure,
Les yeux aiment à voir la simple architecture,
Sur le cône aplati le buffle quelquefois
Guette, pour l'éviter, le fier tyran des bois.

Au dedans quelle heureuse et savante industrie
De leurs compartimens règle la symétrie,
Aligne leur cité, dessine leurs maisons,
Leurs escaliers tournans et leurs solides ponts
Qui partout présentant de faciles passages,
Pour alléger leur peine, abrègent leurs voyages;
Au centre tout entière est la postérité,
Et mêlant la grandeur à la captivité,
Leur noble souveraine, en une paix profonde,
Ne quitte point sa couche incessamment féconde,
Et par son ventre énorme et son énorme poids,
Surpasse ses sujets un million de fois;
Quatre-vingt mille en ans la connaissent pour mère:
Au fond de son palais, auguste sanctuaire,
Des serviteurs choisis entre tous ses sujets,
Dans sa chambre royale ont seuls un libre accès,
Leur foule emplit ces lieux, et par une humble porte,
Déposent en leur lieu les œufs qu'elle transporte.
L'ordre règne partout; épars de tout côté,
Leurs riches magasins entourent la cité;
Ailleurs sont élevés les enfans de la reine;
La cour habite enfin près de sa souveraine.
Le voyageur, de loin, découvrant leurs travaux,
D'une heureuse peuplade a cru voir les hameaux.

　　O Nil! ne vante plus ces masses colossales
Des sommets Abyssins orgueilleuses rivales;
L'insecte constructeur est plus grand à mes yeux
Que l'homme amoncelant ces rocs audacieux;
Et quand une fourmi bâtit des pyramides,
Nos arts semblent bornés et nos travaux timides.

## LETTRE VI.

### ÉMILIE A CAROLINE.

Ma chère Caroline,

La patience et la résignation dont vous avez fait preuve au milieu de vos infortunes, et l'excellent emploi que vous faites de votre temps dans votre retraite vous ont rendue chère à mon père et à ma mère; ils se flattent que je profiterai de votre exemple, et qu'avec le temps je deviendrai peut-être une demoiselle accomplie; je le désire, mais j'ai bien du chemin à faire avant de parvenir à être aussi aimable que vous. Vous avez conservé un cœur ferme et calme au sein des plus affreux revers, et moi je ne puis souffrir le plus léger contre-temps sans être d'une humeur détestable. Hier je m'étais fait, en espérance, un plaisir d'aller à la campagne avec une société de mes jeunes amies; mais ma mère n'a cessé de me tourmenter jusqu'à ce que je restasse avec elle à la maison pour recevoir un ancien ami qu'elle avait invité à venir passer la soirée chez nous, uniquement parce qu'il est philosophe, et qu'elle désire lui montrer votre lettre sur l'instinct des animaux. Je me suis soumise à ses désirs de très mauvaise grâce, et j'ai même été quelque temps avant de recouvrer la sérénité de mon ame et le repos de mon esprit.

Notre ami trompa cependant mon attente par une fort jolie anecdote qu'il nous rapporta comme une preuve qu'une espèce de sagacité supérieure à l'instinct porte, dans certaines occasions, les animaux à dévier de leurs mœurs habituelles.

« Pendant mon séjour en Bretagne, dit-il, je me promenais un jour entre Rennes et Laval, jetant alternativement la vue sur tous les objets qui m'environnaient. J'aperçus à quelque distance de moi, dans un petit jardin qui dépendait d'une maison de chétive apparence, deux pies qui sautaient à l'entour d'un buisson, et qui, d'une manière toute particulière, y entraient et en sortaient alternativement. Leurs manœuvres excitérent ma curiosité, et je me mis un instant à l'écart pour les observer à mon aise. Lorsque j'eus satisfait cette curiosité, j'entrai dans la chaumière, et là j'appris de la bouche du pauvre propriétaire, que comme il ne se trouvait pas à plusieurs lieues à la ronde d'arbre élevé et touffu, ces pies, pendant quatre années de suite, avaient construit un nid et élevé leurs petits dans ce buisson. Et afin que les loups, les renards ou les autres animaux rapaces ne pussent pas les troubler dans cette retraite, elles avaient barricadé non seulement leur nid, mais elles avaient encore entouré le buisson d'une cuirasse formidable de ronces et d'épines disposées si artistement et avec tant de sagacité, que le renard le plus adroit comme le plus opiniâtre aurait employé peut-être plusieurs jours de travail avant de parvenir dans l'intérieur de ce nid. »

« Les matériaux employés à l'intérieur de ce singulier nid étaient doux, moelleux et propres à y conserver une agréable chaleur ; mais à l'extérieur ils présentaient une surface hérissée et menaçante, dont les élémens étaient si bien liés et tressés ensemble, qu'à moins d'emprunter le secours d'un instrument tranchant, et après beaucoup de peine et de fatigue, un homme aurait difficilement pénétré jusqu'à l'endroit où reposaient les jeunes pies. Le nid avait au moins trois pieds d'épaisseur, depuis la cuirasse extérieure jusqu'au centre. »

« C'était dans cette forteresse que ces pies élevaient leurs jeunes enfans et les nourrissaient de grenouilles, de souris, de vers ou de toutes les créatures vivantes qu'elles pouvaient saisir. Un jour l'une d'elles se rendit maîtresse d'un rat qu'elle ne put pas tuer d'abord; elle l'apporta néanmoins sur le bord du nid, où un des petits accourut au secours de sa mère. Déjà tous deux avaient attaqué leur proie avec courage, et la lutte durait depuis quelque temps sans qu'elles eussent pu vaincre l'ennemi, lorsque le père, qui revenait avec une souris dans son bec, s'élança avec fureur sur le rat, et le mit bientôt hors de combat. »

« Ces pies, pendant plusieurs étés, étaient restées fidèles l'une à l'autre, et chaque année elles avaient chassé leurs petits des environs, et tous les animaux qui avaient tenté de s'emparer de leur demeure. Elles la réparaient et la fortifiaient encore chaque printemps avec des branches de ronces nouvelles qu'elles apportaient souvent ensemble, soit en volant et dans leurs becs, soit en les traînant à terre quand elles étaient trop pesantes. »

Je pense, ma bonne amie, que tous les naturalistes de votre endroit trouveraient difficilement un autre couple de pies aussi industrieux et aussi intéressant. — A propos, je ne puis m'empêcher de penser que vous menez une bien triste existence, malgré les romantiques beautés de votre retraite, malgré votre résignation et la résolution que vous avez prise de chercher le bonheur dans ce hameau. Cependant je vous avoue que je voudrais bien être dans un endroit d'où je pourrais, pendant une heure, épier les actions de vous et de votre aimable Cécile dont je suis un peu jalouse. Je ne refuse pas cependant de partager avec cette charmante cousine votre aimable amitié, à condition que vous

me promettrez de réserver la plus forte part
de votre affection à votre sincère amie.

---

## LETTRE VII.

### CAROLINE A ÉMILIE.

**Chère amie,**

Le récit que votre ami vous a fait de l'a-
dresse et de la sagacité de ces ingénieuses
pies, valait bien la peine qu'on restât à la
maison. La tendresse des animaux pour
leurs petits est si vive et si naturelle, que
quand elle est appelée à s'exercer, elle leur
suggère une industrie qui paraît bien souvent dépasser les limites de leurs facultés
ordinaires.

Il y a déjà plusieurs jours qu'en faisant
avec ma chère Cécile une promenade du
soir, elle me conduisit à travers une prairie
verdoyante, couverte par les troupeaux d'un
fermier du voisinage. Le sentier que nous
suivions circulait dans cette prairie à la dis-

tance d'environ deux cents pas d'un joli ruisseau, dont les ondes pures et limpides descendent des collines environnantes. Des brebis, des agneaux paissaient autour de nous, et l'un de ces animaux attira notre attention par la singularité de ses mouvemens et de ses démarches. Une pauvre brebis s'approcha de nous en bêlant avec force, et après nous avoir regardées tristement, se mit à fuir vers le ruisseau. D'abord nous ne pûmes comprendre ce manége; mais elle le répéta de nouveau, bêla encore plus fort, courut encore vers le ruisseau, regardant toujours avec anxiété derrière elle pour voir si nous suivions ses pas, jusqu'au moment où elle atteignit le ruisseau, au bord duquel elle s'arrêta en jetant un coup-d'œil inquiet dans ses ondes. Nous ne comprenions pas du tout ce langage de la pauvre bête; nous continuâmes notre promenade, et nous allions franchir la clôture qui séparait cette propriété de la suivante, lorsque la brebis accourut une troisième fois vers nous, avec les marques de la plus vive inquiétude. Nous prîmes alors la résolution de la suivre pour

découvrir la cause de ses sollicitations empressées. A peine avions-nous tourné nos pas
vers le ruisseau, qu'elle y courut en toute
hâte, en regardant fréquemment derrière
elle. Arrivée sur ses bords, elle descendit
sur la berge, toujours en nous regardant,
comme pour émouvoir notre compassion,
et en jetant des cris lamentables. Jugez de
notre surprise, lorsque nous arrivâmes près
d'elle, et après avoir jeté un coup-d'œil dans
le ruisseau, quand nous nous aperçûmes
que son agneau était tombé à l'eau dans un
endroit fort escarpé, et avait de l'eau presque
jusqu'à la tête. Cécile courut aussitôt à la
ferme chercher du secours, tandis que je
restai près de cette bonne mère pour la ras-
surer et lui promettre notre assistance. L'a-
gneau fut bientôt retiré de cette dangereuse
situation, et la brebis commença par le flatter, puis à le lécher en jetant sur nous des regards où je crois avoir lu la reconnaissance,
et en exprimant les sensations qui l'animaient
alors, par des bêlemens bien différens de
ceux qu'elle poussait dans sa détresse.

Le plaisir que nous éprouvâmes ne fut

peut-être pas inférieur à celui de cette excellente créature dont la sollicitude, si vivement
excitée, l'avait portée à se conduire comme
un être raisonnable. En vérité, c'est un point
bien délicat que de fixer les limites qui· séparent l'instinct de la raison; et la gradation
qui existe dans les différens êtres de la création est nuancée avec tant de finesse que la
distinction échappe la plupart du temps à
notre intelligence.

La femme du fermier fut ravie de cette
aventure, et nous pria de nous reposer un
instant chez elle et d'accepter une tasse d'excellent lait tout chaud : nous acceptâmes son
invitation sincère, et pendant que nous pre-
nions cette rustique collation, elle nous amusa beaucoup par sa conversation et par les
nombreux détails qu'elle nous donna sur les
mœurs des moutons. « Notre vieux berger,
dit-elle, a une expérience consommée dans
cette matière; il distingue avec facilité par les
cris d'une brebis si son agneau se noye, s'il
est tombé dans une fondrière, ou bien s'il a
été la proie des oiseaux ou des bêtes féroces.
Dans les deux premiers cas la brebis court

çà et là comme une forcenée, ses mouvemens sont désordonnés, elle va, revient, pousse des cris lamentables et regarde fréquemment dans l'eau ou dans la fondrière; si l'agneau a été enlevé par les oiseaux de proie ou les loups, elle est encore plus agitée, elle court successivement de l'agneau d'une de ses compagnes à celui d'une autre, visite ainsi tout le troupeau, et témoigne, par le tremblement de sa voix, toutes les angoisses qu'elle éprouve. Souvent elle exprime son chagrin par un seul cri sinistre et prolongé, et dans un autre moment, ses bêlemens entrecoupés ont quelque chose de sauvage qui trahit sa douleur. Peu d'animaux, ajouta la fermière, défendent leurs petits avec autant de courage et de persévérance que les brebis, quoique dans toutes les autres occasions elles fassent preuve de douceur et même de pusillanimité. Pour sevrer les agneaux, on les sépare des brebis; mais aussitôt après ce sevrage ils sont rendus à leurs mères qui les reconnaissent aussitôt, et en la compagnie de laquelle ils marchent encore pendant long-temps. »

A cette occasion, je demandai à la fermière

comment elle était certaine que les mères reconnaissent leurs agneaux, puisqu'ils me paraissaient avoir tous un extérieur et une allure semblables. « Vous vous trompez, me répondit la fermière, tous se distinguent par quelques signes extérieurs qui les font même reconnaître aux hommes ; et généralement les bergers reconnaissent distinctement tous les individus de leur troupeau. » Cécile alors fit la remarque que le mouton, il est vrai, par ses mœurs simples et innocentes, était un animal aimable et doux ; mais qu'il avait peu d'intelligence, et qu'il n'était guère susceptible d'attachement. La fermière prétendit que tous ceux qui connaissaient ces animaux ne pouvaient être de cet avis, et elle essaya de prouver ce qu'elle avançait par deux faits intéressans qui lui avaient été rapportés par son berger, témoin oculaire de ces faits. « Vous verrez en même temps, ajouta-t-elle, qu'aucun animal n'est plus attaché au lieu qui l'a vu naître : une brebis avait été séparée de son agneau et transportée des montagnes des Vosges dans les plaines de la Champagne ; après quelque temps de séjour chez son nouveau maître, et commé pour prendre un peu de repos, elle disparut tout-à-coup, traversa plus de vingt lieues de pays à travers des bois, des rivières, des villages, et arriva saine et sauve dans ses montagnes auprès de son cher nourrisson. Le second exemple est à peu près semblable, et c'est encore une brebis qui, conduite à une grande distance du lieu de sa naissance, y revint en traversant une petite ville qui se trouvait sur son chemin. D'abord elle n'osa se hasarder à passer parce que c'était jour de marché; mais dès que la foule se dispersa, elle entra hardiment, marcha toute la nuit, et parvint à l'aube du jour à sa destination. »

Notre repas terminé nous remerciâmes la bonne femme de son hospitalité et du plaisir qu'elle nous avait procuré, et nous retournâmes lentement vers la maison. Mais à peine nous entrions dans la salle basse, que Cécile s'informa avec plus d'empressement que de coutume si Marguerite avait rentré ses linottes; car elle se rappelait qu'au moment où elle était partie pour la promenade, elle les avait, par mégarde, laissées dehors. « Elles sont en sûreté, dit madame Dufresne; mais, ma chère fille, tu as été sur le point de les perdre toutes deux. » Les joues de Cécile se colorèrent alors du plus vif incarnat. « Tu avais laissé Robert en liberté, ajouta madame Dufresne; et tu sais que la cage de Henri est en mauvais état dans plusieurs endroits. Lorsque Marie a ramené les vaches de la prairie, elle a trouvé Henri le corps à moitié dégagé d'un des trous de sa cage, et faisant tous ses efforts pour rejoindre son ami. Elle s'est empressée de le saisir avant qu'il ait eu le temps de s'échapper. »

Afin de vour rendre ceci plus clair, ma chère amie, je crois qu'il est nécessaire de vous faire connaître l'histoire des linottes de Cécile. Toutes deux ont été prises par un neveu de son père, quand il était encore jeune écolier; depuis, ce jeune homme a péri d'une manière bien malheureuse; favoris de leur maître pendant qu'il vivait, Cécile à sa mort les a pris sous sa protection. Ces deux charmans oiseaux sont remarquables par le vif attachement qui les unit l'un à l'autre, quoiqu'ils n'ayent pas été élevés ensemble et qu'ils

soient tous deux du même sexe. Il y a déjà
plusieurs années qu'ils ont été réunis, et leur
amitié semble encore s'accroître et s'affermir
avec le temps. Les premières traces de leur
union se manifestèrent dès les premiers momens où ils se connurent : chacun avait alors
sa cage séparée ; mais quand l'un d'eux commençait à chanter, l'autre entonnait aussitôt la même chanson, et la nuit, chacun d'eux
couchait dans sa cage le plus près qu'il pouvait de son ami. Leur attachement s'accrut
de jour en jour et devint enfin de plus en
plus évident : si l'on mettait l'un d'eux en liberté pour nettoyer sa demeure, il saisissait
cette occasion pour voler vers la cage de
l'autre et pour lui donner mille petits témoignages d'amitié. Enfin on les réunit dans la
même cage, et ils en témoignèrent leur joie
par des chants d'allégresse et par une foule
de soins délicats qu'ils se rendaient mutuellement. Quelque temps après les avoir ainsi
réunis, leur jeune maître hasarda un jour
d'en lâcher un dans le jardin, tandis que
l'autre resterait, comme ôtage, prisonnier
dans la cage que cet infortuné jeune homme

avait suspendue à sa fenêtre. Le tendre oiseau resta fidèle à l'amitié, il revint vers son ami; et depuis ce temps Cécile accorde fréquemment cette faveur à l'un ou l'autre. Tous deux semblent prendre beaucoup de plaisir dans la société des linottes sauvages, avec lesquelles ils folâtrent des heures entières; mais jusqu'ici ils ne paraissent pas avoir éprouvé la moindre tentation de quitter leur ami; et aussitôt que l'heure de la retraite arrive, celui qui a joui de sa liberté rentre bientôt dans la cage libre qui l'attend, et se range, aussi près que possible, de son compagnon chéri. Peut-être si on leur permettait à tous deux de se rendre ensemble dans les bosquets, ne reviendraient-ils jamais; mais, maintenant leur attachement est si vif, qu'ils préfèrent la captivité à la séparation, et il est probable que si la mort enlevait une de ces tendres linottes, l'autre ne survivrait pas à cette infortune et périrait de chagrin. Ils ont reçu les noms de Robert et de Henri, qui étaient ceux des deux camarades favoris du cousin de Cécile, et depuis la mort de ce parent infortuné, elle a résolu, puisqu'ils lui étaient chers, d'en prendre elle-même un soin tout particulier.

Si Cécile n'avait pas eu des motifs aussi délicats pour garder ces oiseaux, il y a long-temps qu'ils eussent été rendus à la liberté, car elle désapprouve beaucoup l'usage d'emprisonner ces charmans animaux dans des cages. J'entends la cloche du dîner qui m'oblige à terminer ici ma lettre. Adieu.

# LETTRE VIII.

### ÉMILIE A CAROLINE.

O ma chère Caroline! combien j'ai admiré vos linottes, et combien une amitié si pure et si sincère dénote un bon cœur et des qualités que nous avons cru jusqu'ici être seulement le partage des êtres raisonnables! N'est-il pas prouvé, par l'exemple de ces deux intéressans oiseaux, que les animaux sont capables d'affection et d'attachement? Ces sentimens ne se bornent pas à leur espèce, ils peuvent encore les éprouver pour ceux

qui leur offrent journellement leur nourriture, et même conserver un souvenir affectueux pour les lieux qui ont vu se développer
leur enfance et leurs forces.

Nous sommes portés à regarder le moineau comme un oiseau stupide, et à ne le
considérer que comme un voleur qui pille
nos grains et maraude dans nos jardins et
nos vergers. Mais une jeune amie de ma
mère m'a donné un témoignage bien décisif
de la sagacité d'un de ces oiseaux qu'elle avait
apprivoisé au sortir du nid et quand un léger
duvet couvrait à peine ses membres délicats.
Cette anecdote m'a étonnée moi-même ; mais
comme il est impossible de douter de la probité et de la véracité de la personne qui nous
l'a rapportée, vous pouvez la regarder comme
très exacte et très vraie.

Cette dame avait une fort jolie propriété
du côté de Melun, où elle passait la belle
saison; c'était là qu'avait été déniché, puis
élevé, le moineau privé. Quand elle revint
l'hiver à Paris, elle amena avec elle son petit
élève dans une cage qu'elle avait eu soin de
couvrir pour que les accidens de la route ne

pussent pas l'effrayer. Il y avait déjà plusieurs mois qu'elle habitait cette capitale, lorsqu'un jour le moineau qu'on avait l'habitude de laisser voltiger dans les appartemens, profita d'un moment où il se trouvait seul pour s'échapper par la fenêtre du salon qu'on avait, par mégarde, laissée ouverte, et pour fuir assez loin pour qu'on perdît l'espérance de le voir jamais revenir.

Dix jours environ après cet événement, cette dame eut l'occasion d'envoyer une servante à sa maison de campagne. Celle-ci fit part à la domestique qui gardait la maison de la fuite précipitée du moineau et des regrets de sa maîtresse. La domestique répondit que depuis deux jours un moineau était à chaque instant et avec une singulière audace entré dans la cuisine où il se perchait tantôt sur les chaises, tantôt sur les tablettes, et qu'elle avait été fort étonnée de son extrême familiarité. On reconnut bientôt que c'était le même moineau privé qui s'était échappé de Paris et qui avait mis une semaine à se rendre de cette ville à Melun sans s'égarer dans une aussi longue route.

Le même oiseau, le printemps suivant, s'unit à une femelle de son espèce et construisit un nid; mais au lieu d'en aller recueillir les matériaux dans la campagne, il entrait à tout instant dans la maison où il ramassait les fils, des morceaux de laine ou de linge qu'on lui offrait et qu'il emportait; à plusieurs reprises il amena sa compagne jusques dans les salons, et une fois il vint même avec elle et toute sa famille qui timide et sauvage prit la fuite au plus léger bruit. Quand ses petits furent assez forts pour subvenir à leurs besoins, il revint chez sa nourrice et montra la même familiarité que dans son enfance. Ce charmant oiseau eut une fin malheureuse, il fut écrasé par un contrevent qu'on poussa sur lui avec imprudence.

Votre ami, M. Maurice, pourrait-il m'expliquer par quel sens cet animal fut guidé lors de son retour dans le lieu de sa naissance? Ce ne fut assurément pas par celui de la vue, car il fut transporté, pendant le voyage, dans sa cage couverte qui ne lui permettait pas de reconnaître le chemin; il n'est pas d'ailleurs probable que le sens de l'odorat, faible chez les oiseaux, eût pu conserver pendant plusieurs mois les impressions qu'il pouvait avoir perçues en route. Je ne puis en vérité me rendre compte d'un fait si extraordinaire. Vous voyez qu'à votre imitation, je commence à devenir naturaliste, et je me promets bien d'augmenter par mes recherches la collection curieuse que vous faites d'anecdotes sur l'instinct des animaux, toutes les fois que je pourrai en recueillir qui me paraîtront intéressantes.

Le bouvreuil qui apprend à parler sans beaucoup de peine, et à donner à ses petites phrases un accent pénétrant, une expression intéressante qui ferait presque soupçonner en lui une âme sensible est très capable d'attachement personnel et même d'un attachement très fort et très durable; on en a vu d'apprivoisés s'échapper de la volière, vivre en liberté dans les bois pendant l'espace d'une année, et au bout de ce temps reconnaître la voix de la personne qui les avait élevés et revenir à elle pour ne la plus abandonner; on en a vu d'autres qui, ayant été forcés de quitter leur premier maître, se sont laissés mourir de regret. Ces oiseaux se souviennent fort bien et quelquefois trop bien de ce qui leur arrive : un d'eux ayant été jeté par terre avec sa cage par des gens de la plus vile populace, n'en parut pas fort incommodé d'abord ; mais dans la suite on s'aperçut qu'il tombait en convulsions toutes les fois qu'il voyait des gens mal vêtus, et il mourut dans un de ces accès, huit mois après le premier événement.

Vous vous rappelez peut-être que mon père est grand amateur de la chasse, et qu'il est généralement dans ses expéditions accompagné par M. Gerard l'un de ses fermiers. Lorsqu'ils reviennent le soir la conversation roule la plupart du temps sur leurs exploits sanguinaires, sur la terreur et sur l'effroi des pauvres animaux qui presque toujours ont dû leur salut plutôt à la maladresse des chasseurs qu'à la vitesse de leur jambes ou de leurs ailes. Ma patience est véritablement épuisée quand je suis contrainte d'entendre journellement le récit de choses qui ont si peu d'intérêt pour moi et qui me paraissent plutôt porter le caractère de la cruauté ; car je ne puis concevoir quel plaisir on peut avoir

à détruire même l'être le plus abject qui respire. Lorsque nous sommes à la campagne,
M. Gerard est donc un hôte et un visiteur
inévitable pour nous. Quoique les manières
de cet homme ne soient ni aisées ni élégantes,
il paraît cependant doué d'un bon sens assez
rare, dont il profite pour faire des observations curieuses. Il a même tiré avantage de
sa position pour étudier les mœurs des
bêtes sauvages qui vivent autour de lui, ou
des habitans des eaux près desquelles il réside, ainsi que celles des animaux qu'il élève
à sa ferme dans l'état de domesticité. Comme
il n'a déjà que trop de penchant à faire part
du fruit de ses observations lorsqu'il est admis
dans l'intimité de mon père, je n'ai pas eu de
peine, en lui parlant chiens, poudre et fusils,
à l'amener sur le terrain de l'histoire naturelle, et à lui demander quels sont les moyens
que les pauvres victimes de sa brutalité em-
ployaient pour se soustraire aux poursuites
de leurs ennemis. Ces questions nous ame-
nèrent dernièrement à parler des différens
genres de défense mis en usage par les divers
animaux et des moyens qu'ils employent

pour sonner l'alarme et avertir leurs compagnons de l'approche de l'ennemi commun.

A la première vue d'un faucon qui se balance au haut des airs, la poule dinde avertit ses jeunes dindonneaux de se ranger sous sa protection par un cri particulier de détresse que ceux-ci apprennent et répètent par la suite.

Un lapin qui prévoit quelque danger, communique cette nouvelle et ses craintes à ses compagnons en frappant la terre et en la faisant retentir avec ses pattes de derrière.

Les corneilles, pendant qu'elles prennent leur nourriture, sont toujours gardées par une sentinelle qui se perche au sommet de l'arbre le plus élevé et le plus voisin, d'où elle peut apercevoir tout ce qui se passe autour d'elle; du plus loin qu'elle voit un animal féroce ou un homme armé d'un fusil, elle donne l'alarme, et toute la société, ainsi que la sentinelle, s'envole pour chercher un autre lieu à l'abri des surprises.

Les grives, qui viennent des pays froids chercher dans nos climats une température plus douce, et dépouiller nos arbrisseaux et nos buissons des baies savoureuses qui murissent en automne, forment de petites sociétés qui choisissent toujours un gardien pour veiller à la sûreté de la compagnie. Ce gardien, qui n'est pas cependant toujours très vigilant, se place sur un buisson d'où il donne le signal de la fuite en cas de danger. Le vanneau, du plus loin qu'il aperçoit un homme ou des chiens, avertit ses petits, par un cri qu'ils comprennent fort bien, de s'éloigner ou de rentrer dans leur retaite; aussitôt il affecte lui-même une grande frayeur et cherche à attirer l'attention du chasseur dont il sait bien dérouter toutes les ruses.

Les perdrix mettent encore plus d'art dans leur manœuvre; elles affectent d'être blessées ou écloppées, fuient lentement devant l'ennemi, puis, quand elles présument qu'elles l'ont suffisamment éloigné de leurs nids, elles prennent leur volée et disparaissent aux yeux du chasseur interdit.

Dans d'autres circonstances la nature a fourni aux animaux des moyens particuliers de défense. Le pétrel, oiseau marin qui a de la peine à résister à ses ennemis, vomit sur eux une huile infecte qui les rebute et les degoûte au point d'abandonner leur proie.

Le gymnote electrique a la faculté de frapper d'un coup semblable à la foudre, quoique beaucoup moins fort, les audacieux qui l'attaquent et contre lesquels il emploie cet énergique moyen de défense. Ces poissons, de la forme d'une anguille, se trouvent surtout dans la rivière de Surinam, dans l'Amérique Méridionale. On dit qu'ils parviennent à une longueur de vingt pieds et qu'ils peuvent, quand on les irrite, frapper de mort un homme robuste. C'est au moyen de cette singulière faculté que les gymnotes s'emparent de leur proie, qu'elles étourdissent, puis qu'elles dévorent à loisir. La torpille et plusieurs autres poissons jouissent également de la propriété de communiquer à ceux qui les touchent une assez violente commotion électrique qui sert aussi à leur défense.

La nature ne se sert pas toujours des mêmes moyens chez les différens animaux, elle les varie presque pour chaque espèce;

on peut donner pour exemple l'oursin ou hérisson de mer dont le corps est enveloppé d'une multitude d'épines mobiles et aiguës, et plusieurs poissons et animaux marins qui ont des protubérances, des carapaces ou des coquilles, qui leur servent de boucliers ou de forteresses. L'instinct, chez l'oursin qui paraît un animal fort stupide, est cependant assez développé pour lui faire prévoir les tempêtes, et pour chercher à leur résister. Il s'attache aussi profondément qu'il peut dans les eaux, aux plantes marines les plus fortes, au moyen de fortes ventouses qui sortent entre ses épines et dont on a compté plus de douze mille sur tout son corps; là il brave toute la fureur des flots, dont il serait le jouet sans ses ventouses, qui, pendant qu'il flotte sur la surface des eaux tranquilles, sont contractées et logées à la base des épines qui enveloppent son corps globuleux.

La méduse ou ortie de mer paraît être un animal fort innocent qui ne consiste qu'en une sorte de matière gélatineuse qui s'avance avec lenteur dans les eaux; cependant lorsqu'on la saisit avec les mains, elle produit sur la peau une foule de petites ampoules qui occasionnent des démangeaisons insupportables.

La crainte, sans aucun doute est un moyen de défense pour les animaux, puisqu'elle les stimule à chercher leur salut dans la fuite: cependant il paraît que l'expérience finit par leur apprendre à apprécier le danger, puisque M. de Bougainville nous assure que quand il aborda aux îles Falkland, les oiseaux venaient se percher sur la tête et sur les épaules des hommes de son équipage, tandis que les quadrupèdes paissaient tranquillement devant eux. Cette scène qui rappelle les délices du jardin d'Éden, ne dura pas long-temps, et les uns et les autres apprirent promptement à redouter l'homme et à fuir son instinct sanguinaire.

Je viens de vous communiquer tous les détails et tous les faits que j'ai pu recueillir de notre chasseur; ce sont les fruits de son expérience et de ses lectures. J'espère prochainement, ma bonne amie, que vous voudrez bien me faire part des nouvelles découvertes que vous aurez faites sur cet intéressant sujet, et continuer à m'instruire par le récit de vos occupations et de vos amusemens. Votre aimable correspondance a déjà produit un changement merveilleux dans l'esprit et dans les sentimens de votre amie très affectionnée.

## LETTRE IX.

### CAROLINE A ÉMILIE.

Aimable Émilie,

Vos anecdotes et vos observations nous ont causé un bien vif plaisir et elles nous ont suggéré l'idée de proposer à M. Maurice, pour le sujet de sa prochaine leçon, les différens moyens et les armes diverses qu'emploient les animaux pour se garantir d'un danger ou défendre leur existence contre les attaques d'un ennemi. Mais M. Maurice nous a demandé un peu de temps pour recueillir ses matériaux, et tout instructif que peut être ce sujet, je me propose pour le moment de le mettre de côté, pour vous rapporter un exemple d'industrie qui m'a paru porter tous les caractères d'une profonde réflexion. Ce sont deux chèvres qui en ont fourni le sujet, et la scène s'est passée dernièrement tout près de notre habitation, et en notre présence. Sur la cime d'un noir rocher qui voit se briser à ses pieds les flots écumeux de la mer, se trouvent les ruines d'un vieux château, résidence d'un ancien seigneur féodal. Ces ruines qui ont quelque chose de sauvage et d'imposant, relèvent merveilleusement les beautés romantiques du pays qui nous entoure. Un des bastions de ce château a résisté aux ravages du temps et est presque demeuré intact au milieu des décombres. Dans toute la longueur de ce bastion et à une hauteur prodigieuse règne une corniche légère d'un pied de saillie environ, sur laquelle croissent quelques végétaux sauvages. Vous savez que la chèvre est un animal grimpant, qui aime à errer et folâtrer. Deux animaux de cette espèce qui paissaient au pied des remparts, parvinrent, en s'élevant sur les ruines, à monter sur cette corniche pour y brouter les plantes sauvages. Ces deux

chèvres se suivaient sur ce chemin dangereux, lorsque l'une d'elles, parvenue à l'un
des angles, se retourna avec facilité et revint
sur ses pas; mais elle rencontra sa camarade
sur son chemin, et comme ni l'une ni l'autre
ne pouvait plus avancer, elles se trouvèrent
dans la situation la plus embarrassante. Cécile
et moi nous nous promenions près de ces
ruines en cueillant des mûres sauvages qui
croissent sur les buissons des environs; et
nous arrivâmes au pied du bastion au moment où ces pauvres bêtes étaient dans cette
cruelle position, sans qu'il nous fût possible
de les assister dans leur infortune, malgré les
cris lamentables qu'elles poussaient et l'inquiétude qu'elles paraissaient manifester.
Après les avoir observées avec anxiété pendant un peu de temps, nous nous hâtâmes de
courir à la ferme qui se trouve à quelque distance, pour voir si, en appelant les gens à leur
secours, il ne serait pas possible de les soustraire à cet imminent danger. Des hommes,
des femmes, des enfans, poussés par la curiosité, accoururent sur nos pas vers les lieux où
la scène se passait, mais ne purent, ainsi que

nous, que compatir au sort de ces pauvres animaux, sans oser se hasarder à monter sur les ruines de peur d'être précipités d'une hauteur prodigieuse sur les rochers aigus qui servent de base à la citadelle féodale. Plusieurs avis, pour les secourir, furent ouverts par les personnes présentes, mais tous furent jugés inefficaces et peu propres à atteindre ce but. Après être restés un temps considérable à les observer, et au moment où l'on désespérait déjà de voir ce drame se terminer heureusement, on s'aperçut que l'une des chèvres fléchissait les quatre pattes à la fois et s'accroupissait avec adresse sur la corniche de manière à occuper le moins de place possible. A peine se fut-elle placée dans cette position que l'autre sauta légèrement par dessus elle, et continua sa route, tandis que la première se relève, se rend à l'angle du bâtiment, se retoune, va rejoindre sa compagne, et descend avec elle en sautant de ruine en ruine.

Cette action ne vous paraît-elle pas avoir été préméditée entre ces deux chèvres? et ne vous semble-t-il pas qu'elle nécessite une suite de raisonnemens dont les animaux donnent rarement des preuves aussi manifestes? Vous pouvez bien vous imaginer que notre surprise fut grande; mais cependant qu'elle ne put égaler notre joie de revoir sains et saufs ces ingénieux animaux. Pour vous qui n'avez jamais vu que des chèvres dans l'état de domesticité, ce fait vous semblera incroyable; mais il n'en peut être de même pour les habitans des pays de montagnes qui observent fréquemment des chèvres à demi sauvages qui grimpent sans effort et avec élégance jusqu'à la cime aiguë des rochers les plus escarpés, et qui, lorsqu'elles ont atteint le sommet qui pourrait tout au plus servir à asseoir le nid ou l'aire d'un aigle, bondissent et folâtrent dans cet espace resserré avec autant de facilité que nous pourrions le faire sur un tapis de gazon, et contemplent sans crainte les abîmes qui les environnent et les engloutiraient au moindre faux pas.

Il n'y a pas d'animal qui démontre plus clairement peut-être que la chèvre, le soin que le Tout-Puissant a pris d'adapter l'instinct des animaux au rôle qu'ils doivent remplir et aux lieux qu'ils sont appelés à habiter. La nature l'a destinée à errer dans les pays montueux, sauvages, incultes, où il ne croît que des mousses verdoyantes, des bruyères arides, ou du thym parfumé, et où il faut s'élever à de grandes hauteurs et à travers de sentiers escarpés pour arracher ces plantes qui végètent dans les fentes ou sur les parois des rochers.

Une chose que vous n'avez peut-être pas encore remarquée et qui est trop importante pour être attribuée au hasard, c'est que les sabots de ces animaux sont parfaitement disposés pour les empêcher de glisser sur les pentes les plus rapides; leurs pieds sont creux en dessous, et le bord forme un tranchant assez aigu qui pénètre dans les corps qu'elles foulent, et présente ainsi un point d'appui solide et assuré. Cette disposition, qui eût été inutile et même nuisible pour un animal qui fréquente les prairies et les lieux humides, sert, au contraire, merveilleusement à l'instinct de la chèvre, et s'adapte avec bonheur à la légèreté et à la souplesse de son corps, et à l'agilité de tous ses mouvemens. Sans cesse en activité, dédaignant le repos, la chèvre marche, s'arrête subitement, court, saute, bondit, avance, recule, paraît à nos yeux, se cache derrière un buisson ou fuit au loin sans qu'aucun motif apparent, si ce n'est peut-être le désir de changer de place, paraisse la diriger dans ces divers mouvemens. Cependant, malgré un caractère si capricieux, les chèvres sont susceptibles d'éprouver de l'attachement et de devenir douces et aimables : on les apprivoise facilement, et on les voit fréquemment prendre leur nourriture dans la main des personnes qu'elles affectionnent. Buffon assure même que les chèvres sauvages se laissent aisément têter, même par les jeunes enfans ; ce qui peut avoir donné lieu à la fable des héros de l'antiquité qui auraient été, dit-on, allaités par ces excellens animaux.

Les chèvres sont communes dans le pays que nous habitons ; et madame Dufresne nous fait souvent d'excellens fromages avec leur lait qu'elle recueille dans les environs. Je vous avouerai même que j'aime beaucoup

la chair des jeunes chevreaux, et que je la
préfère à celle des agneaux. Mais c'est vraiment pitié de priver de la vie des animaux
aussi doux et aussi innocens.

Ne supposez pas au moins que je mène ici
la vie d'un anachorète : quoiqu'à une grande
distance de la capitale, nous avons aussi nos
plaisirs et nos amusemens. Sans doute ils sont
bien différens de ceux de la ville, et ce ne
sont pas des bals, des soirées ou des masca-
rades; mais au moins ils sont aussi aimables
qu'innocens, et ils laissent dans l'ame un
bonheur, une quiétude inexprimables. Loin
d'avoir pour but un froid égoïsme, ils consistent, au contraire, à rendre heureux tout
ce qui nous entoure. Madame Dufresne, dont
l'existence est une succession continuelle de
bonnes actions, s'occupe du bonheur et de
l'établissement des jeunes filles qu'elle a fait
élever, et ne les abandonne pas ainsi quand
elles quittent son école. Si elles trouvent à
s'unir à des jeunes gens probes, laborieux et
sages, madame Dufresne leur donne son approbation, puis leur offre un joli repas de
noces, ou leur procure quelque article utile

de ménage selon la condition ou l'état du jeune mari. Peut-être penserez-vous que toutes ces libéralités outrepassent les moyens pécuniaires de ma chère tante, dont la fortune, ainsi que je vous l'ai déjà dit, est très bornée; mais en se retranchant à elle-même toute espèce de superfluité, elle a toujours quelque petite économie qui lui sert à pourvoir aux besoins des autres. Cette excellente femme aime à secourir d'une manière ingénieuse et qui s'accorde avec sa délicatesse ou la pauvreté de ceux à qui elle fait du bien.

Madame Dufresne, qui a marié dernièrement une de ses jeunes pupilles, vient de lui rendre visite pour voir si elle avait profité de ses instructions. Nous avons trouvé cette intéressante jeune femme, à la porte de sa chaumière, occupée à filer, et habillée avec une propreté charmante, mais sans coquetterie. Elle nous a paru être très flattée de notre visite, et avec une sorte d'orgueil enfantin, elle nous a montré l'intérieur de sa maison, où régnait un ordre qui doit servir de modèle à toutes les ménagères. Madame Dufresne, qui fait souvent de ces sortes de visites à ses protégées, donne à l'une un avis, à l'autre des encouragemens, et distribue à quelques unes le blâme avec tant de douceur, que toutes ensemble l'adorent et la respectent comme une mère. Pourrais-je vivre avec un aussi admirable modèle sous les yeux sans m'efforcer de l'imiter? En vérité, chère Émilie, mes infortunes, quelque pénibles qu'elles paraissent aux yeux des autres, ont peut-être été une faveur du ciel, et assureront certainement le bonheur de votre sincère amie.

## LETTRE X.

### LA MÊME A LA MÊME.

Aimable amie,

M. Maurice est venu ce matin chez nous, après le déjeûner, pour nous informer d'un fait assez étrange qui est arrivé dans une vaste salle qui fait partie de sa maison, vieux monument qui compte déjà plusieurs siècles d'existence. Une odeur désagréable avait, pendant long-temps, régné dans cette salle sans qu'il fût possible d'en assigner la cause. La chambre est entièrement lambrissée en bois, et on eut, il y a peu de jours, l'occasion de pratiquer une ouverture dans les lambris pour y faire une réparation. A peine l'ouvrier eut-il entr'ouvert les planches, qu'il en sortit une nuée de chauves-souris qui obscurcirent les airs : M. Maurice prétend qu'il y en avait plus de trois cents. Il paraît que ces animaux s'étaient glissés entre le mur et la boiserie au moyen d'une crevasse qui existait dans la muraille. On ignore depuis combien de temps elles séjournaient dans cette retraite; mais ce qu'il y a de certain, c'est qu'elles avaient eu le temps d'élever en grande partie leurs petits, qui suivirent leurs parens dès que la boiserie fut entr'ouverte. Plusieurs de ces enfans qui étaient encore à la mamelle lorsqu'on les inquiéta, s'attachèrent à leurs mères, qui les emportèrent avec elles dans les airs. Les fenêtres de la salle étant ouvertes, la plupart s'échappèrent; mais beaucoup d'autres furent étourdies et assommées par les domestiques qui étaient accourus aux cris de l'ouvrier qui véritablement avait été frappé de terreur à la vue de tous ces animaux noirs et sinistres qui sortaient de ce mur comme par enchantement.

M. Maurice nous apporta une de celles qui ont été assommées, afin que nous puissions à loisir en examiner la forme, et surtout la structure toute particulière des ailes, qui consistent en une membrane extrêmement légère et fine, quoique résistante, qui s'étend à partir des deux épaules jusqu'aux extrémités très prolongées des pattes, et tout le long du corps, jusqu'aux pattes inférieures qu'elle réunit ensemble. La contexture délicate de cette membrane, et sa flexibilité, permettent à cet animal de la replier très près de son corps lorsqu'il repose, et de l'étendre avec facilité dès qu'il veut prendre, le soir, sa volée, et chercher les insectes dont il fait sa nourriture. Le squelette de la chauve-souris prouve que les nervures de ses ailes ne sont autre chose que les os de la main prolongés dans une grande longueur ; le plus court de tous, qu'on pourrait appeler le pouce, est armé d'un crochet aigu. D'autres crochets ou griffes qu'on remarque aux pattes de derrière, permettent aux chauves-souris de se suspendre aux murailles ou aux planchers des cavernes et autres lieux, où elles restent engourdies pendant l'hiver, la tête en bas et les ailes repliées sur le corps, sans doute pour conserver leur chaleur naturelle.

M. Maurice, qui s'est aperçu que nous désirions connaître plus en détail les mœurs de ces animaux singuliers qui semblent appartenir en même temps à l'ordre des oiseaux et à celui des quadrupèdes, nous a raconté quelques expériences dont elles ont été dernièrement l'objet. Un de ses amis avait gardé une chauve-souris dans le dessein d'examiner à loisir sa structure et ses habitudes. Souvent il lui présentait une mouche pendant son sommeil, et l'éveillait en faisant bourdonner la mouche près de son museau ou de son oreille. La chauve-souris, qui apercevait ainsi la proie à sa portée, ouvrait la gueule, s'élançait avec ses pattes de derrière et dévorait l'insecte. Un jour on lui présenta une de ces grosses mouches bleues qui se posent sur la viande, elle s'en saisit de la même manière ; mais cette fois-ci la proie était trop grosse, et la chauve-souris ne put l'avaler ; elle eut alors recours à une autre manœuvre pour la faire entrer dans sa gueule. Elle se leva un peu sur ses pattes de devant, fléchit avec adresse sa tête sur son ventre, et au moyen de la membrane qui sépare ses deux pattes de derrière, força, en poussant tantôt à droite, tantôt à gauche, la mouche à passer dans sa gueule ; une fois ce point gagné, la mouche franchit aisément la gorge, et descendit promptement dans l'estomac.

Spallanzani, naturaliste distingué, découvrit que les chauves-souris, quoique entièrement privées de l'organe de la vue en leur crevant les yeux et rendues à la liberté, jouissaient cependant encore de la faculté de se guider aisément à travers les détours multipliés des passages souterrains, sans se heurter contre les murailles, et même qu'elles évitaient, avec une extrême adresse, les branches des arbres et les obstacles les plus

déliés qu'on cherchait à dessein à opposer
à leur marche. Il était si embarrassé de donner l'explication de ce phénomène, qu'il
fut tenté de l'attribuer à un sens inconnu,
dont la nature avait, pour leur conservation, doué ces animaux. Mais d'autres naturalistes ont, avec beaucoup plus de raison,
attribué cette délicatesse extrême de sensa-
tion aux ailes, qui présentent à l'air une
vaste surface, et qui sont en grande partie
formées d'un réseau de nerfs déliés de la
sensibilité la plus exquise. Dans cette ingénieuse hypothèse, ils supposent que, pendant le vol, l'aile, en frappant l'air, percevait
avec une extrême facilité et une prompti-
tude incroyable, les sensations du froid, de
la chaleur ou de tout autre genre, ce qui
met la chauve-souris à même d'éviter tous
les objets qui pourraient entraver sa marche.
Ce phénomène s'explique ainsi d'après l'observation si souvent faite d'un aveugle qui,
sans employer l'organe du toucher, s'aperçoit cependant s'il est auprès d'une porte,
d'un mur ou d'un bâtiment, par les diffé-
rences qu'il remarque dans la pression, la

résistance ou la chaleur de l'air qui l'environne.

C'est une faculté bien singulière que celle
dont jouissent différentes espèces d'animaux, de s'engourdir pendant l'hiver, et
de rester ainsi dans un état de torpeur jusqu'aux premiers rayons du soleil de printemps. Insensibles au plaisir comme à la
douleur, ils ne prennent aucune nourriture
pour rafraîchir leur corps, mais aussi n'é-
prouvent-ils aucune perte qui puisse les affaiblir. Les réponses de M. Maurice aux
questions pressantes que je lui ai faites sur
ce sujet, m'ont paru si intéressantes, qu'elles
méritent de fixer votre attention, et que je
m'empresse de vous les répéter mot pour
mot.

« Les sages prévisions du Créateur pour
le bonheur et le bien-être de toutes les
créatures, sont si ingénieusement appro-
priées à leurs besoins, dit-il, et forment une
preuve si puissante de sa sollicitude, que je
me trouve heureux, mes jeunes amies,
toutes les fois que je puis vous en dérouler
le tableau. On a désigné sous le nom d'ani-

maux hibernans ceux qui passent une partie de l'automne et de l'hiver dans un état d'engourdissement, et qui en sortent à l'entrée du printemps; parmi eux on compte le loir, le lérot, le muscardin, le hérisson, la chauve-souris, la marmotte, etc. A une époque plus ou moins avancée de l'automne, suivant l'abaissement de la température, ces animaux cherchent à se mettre à l'abri du froid et du vent, en se retirant dans des trous pratiqués dans la terre, les murs, les arbres ou les buissons. Ils les garnissent d'herbes, de feuilles vertes et de mousses. Ces retraites varient suivant les espèces. Les chauves-souris hivernent dans les grottes et les carrières, où la température est plus douce qu'à l'air libre. Les autres animaux hibernans se contractent en rapprochant leur tête des extrémités inférieures, et présentent ainsi moins de surface à l'action du froid. Lorsqu'on les découvre dans leurs retraites, on les trouve pelotonnés, froids au toucher, immobiles, roides, les yeux fermés, la respiration lente, interrompue, à peine perceptible ou nulle; et leur insensi-

bilité est souvent telle, qu'on peut les re-
muer, les agiter, les rouler, sans les tirer
de leur torpeur.

« Au printemps et en été, lorsque ces
animaux jouissent de leur activité, ils ont
une chaleur qui varie selon les individus,
et est à peu près la même que celle de
l'homme; mais dès que le froid commence
à se faire sentir, on a observé que leur
température baisse avec le déclin de la saison. Leur respiration se ralentit aussi gra-
duellement, leurs mouvemens sont moins
vifs, et leur appétit diminue. Ils jouissent
cependant de la vie, et se meuvent encore
avec facilité. Cet état intermédiaire entre la
vie et la torpeur dure un ou deux mois,
mais il n'y a pas de degré précis de froid
auquel ces animaux s'engourdissent, et cet
engourdissement n'a lieu que lorsque, à
l'abaissement de leur température et au ra-
lentissement de la respiration, se joint la
suspension des sens et des mouvemens vo-
lontaires. Tous ne s'engourdissent pas au
même degré; les chauves-souris sont celles
dont la léthargie est la plus légère; la mar-

motte, au contraire, est dans l'engourdissement le plus profond ; mais, dans tous, la
température du corps est un peu plus élevée que celle de l'air extérieur. Un froid
trop intense les ferait périr infailliblement,
et une chaleur moyenne, ainsi que divers
moyens mécaniques, tels que des secousses
légères ou fortes, suffisent souvent pour dis-
siper leur torpeur. Ce sommeil dépend donc
de la température de l'air, et sera continu
ou interrompu suivant le cours des saisons
ou les précautions qu'ils auront prises pour
se mettre à l'abri des changemens de température. Selon qu'ils sont plus ou moins
sujets à être réveillés, ils se font des amas
de provisions ; ainsi le hérisson se forme
plusieurs magasins auxquels il a recours
selon les circonstances.

« Il y a beaucoup d'autres animaux qu'on
peut considérer comme animaux hibernans.
Il en est ainsi des reptiles dans les climats
froids, de quelques insectes, de plusieurs
sortes de vers ; mais en général, leur engourdissement est moins profond que celui
des quadrupèdes. Ils passent le temps de

leur hibernation sans nourriture, mais ils ne sont pas privés du sentiment et du mouvement, même à la température où il gèle. Quelques uns sont susceptibles d'un engourdissement profond, même dans les climats chauds, et le célèbre voyageur Humboldt l'a observé chez des reptiles qui passent une partie de l'année ensevelis dans la terre, et qui ne sortent de leur torpeur que par un temps de pluie, ou lorsqu'on les excite par des moyens violens.

« Maintenant, mes amies, croyez-vous que cette prévoyance d'un réveil momentané et d'un besoin d'apaiser la faim provient d'un principe aveugle? N'y reconnaissez-vous pas le doigt d'un être supérieur et tout-puissant, qui a créé cette admirable harmonie qui existe entre les animaux, les produits de la terre et toutes les choses matérielles ici-bas. Dans le cas qui nous occupe, n'y a-t-il pas une sagesse infinie à ordonner à ces animaux hibernans de sommeiller tout le temps que les alimens dont ils se nourrissent viendraient à leur manquer, ou qu'ils ne pourraient les trouver sous les couches de neiges qui couvrent alors la terre? N'est-ce pas un moyen bien ingénieux de les préserver de mourir de faim, et ne devons-nous pas en même temps admirer les cas prévus avec tant de soin où ces animaux se réveilleraient, et où ils sentiraient dès lors un appétit impérieux qu'ils peuvent satisfaire au moyen de légères provisions et sans s'exposer aux injures de l'air qui les ferait infailliblement périr. »

M. Maurice nous fit ensuite le récit des angoisses et des tortures qu'avaient éprouvés quelques malheureux. ouvriers surpris dans une mine des environs par les eaux qui, par une irruption subite, les contraignirent de chercher un refuge dans une excavation qui ne présentait d'autre issue que celle par où les eaux s'élançaient avec fureur. Cette histoire touchante nous émut jusqu'aux larmes, et ce bon M. Maurice nous quitta pour aller offrir des secours à ces malheureux qu'on était parvenu, avec des peines infinies, à retirer de cette affreuse prison.

Croyez-moi toujours, chère Émilie, votre amie très affectionnée.

# LETTRE XI.

### LA MÊME A LA MÊME.

Chère Émilie,

Madame Dufresne, qui ne laisse échapper aucune occasion de faire le bien, ayant appris que les enfans d'un pauvre matelot, dont la femme demeure sur le bord de la mer, à peu de distance de notre habitation, étaient attaqués de la petite-vérole, nous proposa de nous y rendre pour nous assurer par nous-mêmes s'ils étaient traités convenablement, et s'ils étaient environnés de tous les secours que réclame leur triste position. En entrant dans la chaumière, nous trouvâmes cette bonne mère dans le plus cruel embarras; la maladie avait fait d'effrayans progrès, et les pauvres petits êtres souffrans n'avaient d'autre lit qu'un peu de paille humide et malsaine. Madame Dufresne qui, naguère, les avait vus couchés dans un bon lit garni de couvertures et de draps, exprima avec étonnement à la mère sa surprise de les trouver dans cet état, et s'informa auprès d'elle des motifs qui avaient pu la déterminer à se défaire d'articles aussi essentiels; elle mit en même temps dans ses questions un ton de mécontentement qui laissait entrevoir qu'elle ne s'attendait pas à recevoir une réponse satisfaisante sur ce sujet. « Hélas, madame, lui répondit la pauvre femme, nous avons été obligés de les donner à Jean dans l'hiver si rude qui vient de se passer. N'avez-vous pas appris qu'il a fait naufrage, et que tout ce que nous possédions a été perdu pour nous? Je bénis le ciel que son existence précieuse ait été conservée par la fidélité de l'excellent Pompée. Assurément je ne pouvais faire moins que de donner notre lit et nos couvertures au père de mes enfans, à mon mari, qui chaque jour affronte les tempêtes de l'Océan pour procurer un peu de pain à ses enfans et à sa femme. » Madame Dufresne sentit aussitôt le reproche expirer sur ses lèvres et son mécontentement se changer en douces larmes que le sentiment faisait couler

le long de ses joues au récit de cette explication si vraie et si naïve. Elle promit aussitôt
que des secours seraient promptement donnés à ces êtres infortunés, en même temps
elle flatta ce bon Pompée, et demanda comment ce chien si intelligent était parvenu à
sauver la vie de son maître. « Ah, madame !
dit la bonne femme, non seulement il a sauvé
la vie de mon mari, mais tout l'équipage du
vaisseau qu'il montait doit son salut à l'intelligence de ce chien. Le vaisseau avait une
cargaison très pesante, consistant en bled et
autres grains. Il était déjà à plusieurs lieues
du port, voguant à pleines voiles par un vent
favorable, lorsque Pompée quitta tout à
coup le vaisseau et s'élança dans la chaloupe
en regardant son maître pour voir s'il suivait
ses pas. L'équipage ne comprit pas d'abord
les motifs de cette action ; cependant elle
étonna les matelots qui commencèrent à
soupçonner qu'il devait y avoir quelque
chose de nouveau et de particulier sur le
bâtiment. Le capitaine fait ouvrir les écou-
tilles, on descend dans la cale, et on s'aperçoit avec effroi qu'une planche des bordages

était enlevée, et que le vaisseau faisait eau
de toutes parts. L'eau s'élevait avec tant de rapidité, que les gens n'eurent pas le temps
de sauver la moindre chose. Ils s'élancèrent
tous dans la chaloupe, et mon pauvre mari
est revenu ici sans autre vêtement que ceux
qu'il portait sur son dos. Notre perte a été
grande sans doute, mais mon mari était sauvé,
et elle m'a paru légère. Il entreprit bientôt
un nouveau voyage dans les mers du Nord;
j'ai ajouté à sa pacotille les draps et les couvertures de notre lit, et depuis ce temps, mes
pauvres enfans et moi nous sommes contraints de reposer sur la paille. Jusqu'ici nous
avions joui d'une heureuse santé et pendant
l'été cette privation nous a paru très suppor-
table. J'espère que la providence, avant l'hiver, me mettra à même d'acheter les vêtemens nécessaires pour nous garantir de la
rigueur de la saison. Madame Dufresne qui,
pendant ce récit touchant, flattait Pompée,
releva les espérances de cette bonne femme,
en lui promettant d'augmenter ses ressources,
aussitôt qu'elle aurait réuni l'argent nécessaire pour faire face aux premiers besoins.

En même temps elle lui annonça que le lendemain elle lui enverrait des draps qu'elle a toujours en réserve et qu'elle prête ainsi aux pauvres malades.

Lorsque nous retournâmes à la maison, la conversation roula sur la sagacité des chiens. La multitude des histoires surprenantes et authentiques que l'on raconte de ces animaux remplirait un grand nombre de volumes, et les anecdotes qui prouvent leur attachement à leurs maîtres, en feraient la plus grande partie. Cécile possède un joli petit épagneul, à qui il ne manque que la parole pour en faire un être aussi raisonnable que beaucoup d'autres qui marchent sur deux pieds. Il a coutume de folâtrer ou de se reposer sur une pièce de gazon qui se trouve devant la maison. Dernièrement, au moment où il allait s'étendre sur le gazon, il s'aperçut que la rosée avait été si abondante qu'il lui était impossible sans se mouiller de se coucher sur l'herbe. Après un moment de réflexion, il rentre dans la salle basse, s'empare d'un petit tapis de pied, l'emporte dans sa gueule, le dépose sur l'herbe fraîche et s'étend dessus à loisir et commodément.

Madame Dufresne a vu très souvent, nous a-t-elle dit, un chien à qui son maître accordait à toute heure la faculté de sortir ou de rentrer dans la maison. Le dimanche, la porte d'entrée étant fermée, il était obligé d'avoir recours à un expédient qui n'était probablement que l'imitation de ce qu'il avait vu faire aux personnes de la maison. Il s'élevait sur ses pattes de derrière, saisissait le marteau avec sa gueule, le levait puis le laissait retomber, et répétait ce manège jusqu'à ce que la porte qu'il poussait en même temps cédât à ses efforts.

Un chien de chasse, qui appartenait à un frère de M. Maurice, était célèbre pour son adresse à dénicher le gibier et par les manœuvres habiles qu'il employait pour le rabattre du côté de son maître. Il semblait prendre un plaisir infini à cet exercice. A quelques lieues du domaine de son maître vivait un propriétaire avec qui le frère de M. Maurice faisait souvent des parties de chasse fort amusantes. Si M. Maurice, soit par suite d'affaires importantes, soit par indisposition, était plusieurs jours sans se livrer à cet exercice, le chien saisissait pendant la nuit la première occasion pour s'échapper, puis se rendre chez l'ami de M. Maurice, et attendre à sa porte l'aube du jour. Cet ami, charmé de mettre à profit les talens de ce précieux animal, se disposait aussitôt à courir le fusil sur l'épaule, les bois et les guérets; après une journée des plus fatigantes, le chien reprenait la route du logis de son maître où il arrivait fort avant dans la nuit. Cette manœuvre se répéta si souvent que ce propriétaire n'allait jamais à la chasse sans attendre son compagnon, bien certain qu'après deux jours de repos il ne tarderait pas à lui rendre sa visite.

Dans cette échelle de gradations si délicates qui réunissent tous les êtres, les chiens occupent certainement un degré fort élevé, mais il faut reconnaître que, vivant avec l'homme et en état de domesticité, leur intelligence a dû se développer davantage que celle des autres animaux, et que peut-être c'est à cet avantage qu'ils doivent toute leur supériorité. Quant aux qualités du cœur, ils ne les doivent qu'à eux-mêmes, et c'est à leur

naturel qu'il faut attribuer toutes celles où
ils excellent, telles que la docilité, la fidélité,
l'affection pour leur maître et la générosité.
Le chien ne se contente pas de suivre son
maître, de le défendre lui et sa propriété, il
sacrifie sa propre vie lorsqu'il est attaqué, il
s'oublie lui-même pour voler à la défense de
celui qui le nourrit et lui donne l'hospitalité.
On sait avec quelle sagacité il distingue les
différentes conditions des hommes à leurs
vêtemens, et combien un habit sale et dégue-
nillé lui inspire de défiance et d'horreur. On
sait aussi avec quelle fidélité inébranlable il
résiste à la corruption. Qui n'a été frappé de
l'intelligence vraiment étonnante que manifestent les chiens de bergers dans la garde, la
conduite et la direction des troupeaux! Je me
rappelle d'avoir vu un berger signaler à son
chien un mouton qui s'était échappé du
troupeau et qui errait sur une petite colline
à plus d'une demi-lieue de ses compagnons.
Le chien part aussitôt, chasse devant lui le
fugitif et le ramène en triomphe au troupeau.
Les chiens de marchands de bestiaux sont
peut-être encore plus intelligens, ils con-

naissent avec exactitude tous les animaux qui appartiennent à leur maître, et quoique ces marchands se suivent de très près sur les routes, quoiqu'ils se rassemblent sur les marchés des villes, les chiens ne souffrent jamais à un animal qui appartient à un autre, d'entrer dans leur troupeau, ou aux animaux confiés à leur fidélité de se mêler aux bestiaux des autres marchands. Je ne finirais pas si je voulais faire mention de tous les services que nous rend cet animal et vanter le raisonnement qu'il semble mettre dans toutes ses actions. Vous m'excuserez, ma chère, si je ne vous adresse pas des anecdotes ou des faits plus intéressans; mais dans l'espace circonscrit où je me trouve renfermée je ne puis en recueillir ni de plus curieux ni de plus agréables. Soyez convaincue que je fais tous mes efforts pour choisir ceux que je crois le plus propres à vous plaire, et croyez-moi, avec attachement, votre amie devouée.

# LETTRE XII.

### ÉMILIE A CAROLINE.

Charmante Caroline,

Comment pouvez-vous croire que je ne goûte aucun plaisir à la lecture de vos lettres aimables? Supposez-vous que je suis assez endurcie ou que j'ai le cœur assez blasé par l'égoïsme ou l'indifférence de la ville, pour que des récits simples et des tableaux de la vie rurale n'aient pas plus de charmes pour moi que la peinture des vices et des folies de la haute société. Au contraire je commence à éprouver du dégoût pour les conversations triviales qu'on entend dans ces réunions mondaines, et j'éprouve même de l'indignation quand on appelle à son aide le scandale pour suppléer à des sujets raisonnables de conversation. Je vous assure, ma chère amie, que l'histoire de vos chèvres, la dissertation de M. Maurice sur les animaux qui s'engourdissent et vos anecdotes sur la sagacité des chiens, m'ont fait passer de fort agréables momens. A propos de chiens je suis tentée de vous rapporter un exemple fort curieux de l'attachement de cet animal.

Quelques jours avant la chute de Robespierre, le tribunal révolutionnaire avait condamné à mort M. Benoit, ancien magistrat et homme estimable, sous le prétexte qu'il avait trempé dans une conspiration contre la république. M. Benoit avait un épagneul âgé à peu près de douze ans, qu'il avait élevé lui-même et qui ne l'avait jamais quitté. Ce digne homme fut jeté en prison, et quoique son chien eût fait des efforts incroyables et eût employé toutes sortes de ruses quand on vint saisir le vieillard, les satellites du tyran ne souffrirent pas que ce fidèle compagnon suivît son maître dans son cachot. Le chien alla dès le lendemain demander l'hospitalité à un voisin ami de son maître, et prit l'habitude de se rendre tous les jours à la même heure à la porte de la prison, où il séjournait long-temps cherchant toujours à pénétrer et toujours repoussé par les soldats.

Une fidélité si sublime émut même le cœur
du geolier, et un jour on lui permit de s'introduire dans la prison et jusque dans le cachot de son maître. La reconnaissance fut
vraiment touchante ; tous deux se prodi-
guèrent les marques du plus vif attachement
et l'on eut beaucoup de peine à les séparer,
lorsque le geolier craignant, si l'on rencontrait
le chien, qu'on ne l'accusât de favoriser le
prisonnier, se vit contraint de le faire sortir.
L'animal revint ainsi exactement tous les
matins, et chaque jour le geolier l'introdui-
sait un moment auprès du pauvre prisonnier.
Le jour où ce dernier comparut devant le redoutable tribunal révolutionnaire, son chien
entra, en dépit des gardes et des huissiers,
dans la salle des audiences et alla s'accroupir
entre ses jambes. Le respectable magistrat fut
condamné à mort. Son chien assista à son
exécution et ce ne fut qu'avec une peine extrême qu'on parvint à l'éloigner des restes
glacés de son maître chéri. Pendant trois
jours et trois nuits il se tint sur son tombeau
poussant les hurlemens les plus lamentables.
L'ami qui l'avait recueilli chez lui, ne le

voyant plus revenir comme à l'ordinaire, devina aisément le lieu de sa retraite ; il partit une nuit, le trouva sur le tombeau, le flatta et, avec des caresses, parvint à l'amener chez lui ; il tenta tous les moyens imaginables pour lui faire prendre quelque repos ou un peu de nourriture, mais dès que le chien était libre, il retournait sur le tombeau de son ami. Pendant trois mois il revint tous les matins chez son protecteur pour prendre en toute hâte sa nourriture et retourner à son poste. Au bout de ce temps ses forces commencèrent à s'affaiblir, il languit encore quelques jours, finit par refuser toute nourriture et expira sur le tombeau.

Où trouverait-on un ami plus pur, plus sincère, plus ardent que ce bon chien ? L'adversité n'a pas refroidi son zèle, et quoiqu'il sentît bien que quelque accident horrible était arrivé à son maître, cependant il ne voulut point le quitter ; il veilla sur sa dépouille pour la préserver des attaques des méchans, et quand il vit que son maître ne sortait plus de l'affreuse retraite où la main du bourreau l'avait précipité, c'est alors que la douleur qui n'avait plus de bornes dissipa promptement les restes de cette vie consacrée à l'amitié. Quelle chose extraordinaire que de voir un attachement aussi énergique unir deux créatures si différentes dans leurs facultés et dans leurs goûts; et ne devons-nous pas attribuer à la bonté du Créateur le présent qu'il nous a fait de cet admirable animal? Combien de gens ont dû leur salut à leurs chiens; combien ont été préservés par eux de l'attaque des brigands, ou arrachés à une situation périlleuse! Permettez-moi, à ce sujet, ma bonne amie, de vous rapporter l'histoire suivante. J'ai oublié le nom des personnages; mais elle n'en est pas, malgré cela, ni moins touchante ni moins authentique :

Un monsieur qui possédait une campagne aux environs de Versailles, sortit un jour à cheval, suivi d'un chien, pour faire une promenade matinale. Il y avait déjà deux heures qu'il était absent, lorsque le cheval qu'il montait revint à la maison sans le maître et sans le chien. La famille en conçut aussitôt les plus vives alarmes, et envoya en toute hâte et dans diverses directions des domestiques pour s'assurer s'il ne lui était pas arrivé quelque événement fâcheux. Après bien des recherches infructueuses, on finit par apercevoir au milieu d'un champ de navets le chien qui donnait des marques d'une vive inquiétude, et dont tous les mouvemens trahissaient la plus pressante détresse. Les domestiques s'avancent aussitôt dans cette direction, le chien court au-devant d'eux en les invitant, par des cris et des aboiemens, à suivre ses pas; il les conduit ainsi à travers un petit sentier où ils ne découvrent rien ; le chien cependant ne cesse de les importuner et de les attirer vers un petit fossé à l'extrémité du sentier : les domestiques s'y rendent, et aperçoivent leur maître dans un état de stupeur et de mort apparente, par suite d'une fracture qu'il s'était faite au crâne en tombant de cheval. On le relève aussitôt, puis on le transporte à sa maison où un chirurgien panse ses plaies. Pendant toute cette opération, le chien le suivit partout, et il fut impossible de le chasser de la chambre où reposait son maître. Quand tout fut terminé, il se coucha au pied du lit et n'en délogea

pas, quoique le pauvre malade, dans ses momens de délire, frappât souvent et même un
peu rudement sur lui. Le chien semblait s'a-
percevoir qu'il ne jouissait pas de son bon
sens, puisqu'il ne tenait aucun compte des
coups que le patient lui distribuait si injuste-
ment. Le maître se rétablit promptement, et
eut toujours, par la suite, l'attachement le
mieux mérité pour cet animal qui lui avait
sauvé la vie.

Vous n'ignorez pas que les chiens de Terre-
Neuve sont peut-être ceux qui ont le plus
de jugement et qui aiment leurs maîtres avec
plus de tendresse. Mon père m'en racontait
l'autre jour un exemple qu'il a trouvé dans
un ouvrage anglais sur l'histoire naturelle.
Pendant les affreuses tempêtes qui régnèrent
durant tout l'hiver de 1789, un vaisseau, qui
était parti de Newcastle, vint faire naufrage
près de Yarmouth. Tout fut englouti dans
les flots : un chien de Terre-Neuve seul
s'échappa et gagna le rivage, en portant dans
sa gueule le portefeuille du capitaine. Il
aborda au milieu d'un grand nombre de personnes qui s'efforcèrent en vain de lui ravir

son dépôt. Cet animal, plein de sagacité, prévoyait l'importance des papiers que, selon toute les probabilités, son maître lui avait confiés. Enfin il se dirigea vers un vieillard respectable qui se tenait à l'écart, s'approcha de lui avec confiance, et lui remit le portefeuille. Aussitôt il courut au rivage, s'élança dans l'eau et saisit tous les débris du vaisseau qu'il put trouver pour les apporter à terre.

Les chiens sont assurément doués d'une dose étonnante d'intelligence; voici cependant des détails sur un oiseau de l'Amérique qui ne paraît lui céder en rien sous ce rapport. L'Agami est reconnaissant quand on l'a apprivoisé, et distingue son maître ou bienfaiteur par-dessus tout autre. « Je l'ai expérimenté moi-même, dit le naturaliste Vosmaër, en ayant élevé un tout jeune. Lorsque le matin j'ouvrais sa cage, cette caressante bête me sautait autour du corps, les deux ailes étendues, trompetant avec son bec, comme s'il voulait me souhaiter le bonjour. Il ne me faisait pas un accueil moins affectueux quand j'étais sorti et que je revenais au logis; à peine m'apercevait-il de loin, qu'il courait à moi, bien que je fusse même dans un bateau, et en mettant pied à terre, il me félicitait de mon arrivée par les mêmes complimens : ce qu'il ne faisait qu'à moi seul en particulier, et jamais à d'autres.

Non seulement l'agami s'apprivoise très aisément, mais il s'attache même à celui qui le soigne avec autant d'empressement et de fidélite que le chien. Il en donne des marques non équivoques par les caresses qu'il fait à son maître ; mais aussi lorsqu'il prend quelqu'un en guignon, il le chasse à coups de bec dans les jambes, et le reconduit quelquefois fort loin. Il ne manque pas aussi d'obéir à la voix de son maître ; il aime à recevoir des caresses, et présente surtout la tête et le cou pour se faire gratter. Il arrive aussi, sans être appelé, toutes les fois qu'on est à table, et il commence par chasser les chats et les chiens, et se rendre maître de la chambre avant de demander à manger ; car il est si confiant et si courageux, qu'il ne fuit jamais, et les chiens de la taille ordinaire sont obligés de lui céder souvent après un long combat. Il y a toujours plusieurs agamis dans les rues de Cayenne; ils vont aussi hors de la ville et reviennent exactement se retirer chez leurs maîtres. On les approche, on les manie tant qu'on veut; ils ne craignent ni les chiens ni les oiseaux de proie : dans les basses-cours, ils se rendent maîtres des poules et ils s'en font craindre. »

Presque tous ces oiseaux prennent à tic de suivre quelqu'un dans les rues ou hors de la ville, des personnes mêmes qu'ils n'auront jamais vues; vous avez beau vous cacher, entrer dans les maisons, ils vous attendent, reviennent toujours à vous, quelquefois pendant plus de trois heures. On a beau courir, ils courent aussi vite que vous, et quand on s'arrête, ils s'arrêtent ainsi que vous. Il y en avait un qui ne manquait jamais de suivre tous les étrangers qui entraient dans la maison de son maître, et de les suivre dans le jardin où il faisait, dans les allées, autant de tours de promenade qu'eux jusqu'à ce qu'ils se retirent.

De tous les oiseaux, l'agami est donc celui qui a le plus d'instinct et le moins d'éloignement pour la société de l'homme; il paraît à cet égard être aussi supérieur aux autres oiseaux que le chien l'est aux autres animaux. Il prend dans le commerce de l'homme autant d'instinct que le chien, et l'on assure même qu'on peut apprendre à l'agami à garder et conduire un troupeau de moutons. Il paraît encore qu'il est jaloux contre tous ceux qui peuvent partager les caresses de son maître, car lorsqu'il vient autour de la table, il donne de violens coups de bec contre les jambes nues des nègres ou des domestiques, quand ils approchent de la personne de son maître.

Que de remercîmens j'ai à vous faire, aimable Caroline, pour avoir ouvert devant moi le livre de la nature, et m'avoir appris à y lire : c'est une source inépuisable de plaisirs qui font passer de bien agréables momens à votre amie.

# LETTRE XIII.

## CAROLINE A ÉMILIE.

Mon Émilie,

Quelle heureuse invention que la poste, et combien je ressens de bonheur toutes les fois que je trace quelques caractères qui sont destinés à passer sous vos yeux et à vous révéler ma pensée! C'est par cet ingénieux moyen que je vous ai fait faire connaissance avec madame Dufresne et ma charmante Cécile. Vous connaissez aujourd'hui leur mérite et vous les aimez peut-être avec autant d'ardeur que je les chéris. Maintenant il me serait impossible de les quitter sans éprouver un chagrin bien autrement cuisant que celui que m'a causé la perte de ma fortune. La gaîté est ici recommandée à tout le monde comme un devoir; tout ce qui porte un caractère morose, austère ou triste, en est banni soigneusement. Une des maximes de madame

Dufresne, c'est qu'on doit toujours être satisfait de la condition où il a plu au Tout-
Puissant de nous jeter, et étouffer tous les
regrets inutiles pour la perte des biens de ce
monde. C'est, dit-elle, le vrai secret pour
être heureux. Elle est parvenue, au milieu
de notre solitude, à réunir plusieurs amis,
qui varient et qui embellissent les momens de
notre vie si prompts à s'écouler. La famille de
M. Maurice occupe le premier rang; et il y a
peu de semaines où nous ne nous réunissions
plusieurs fois, non pas avec ces manières fa-
des, empressées et façonnières qu'on emploie
à Paris, mais avec cette cordialité, cet abandon qui fait tout le charme de la société et de
la conversation. Lors de notre dernière réunion, j'ai lu votre lettre en pleine assemblée,
et j'ai été chargée de vous faire agréer nos
remercîmens pour le plaisir qu'elle nous a
procuré. Nous avons tous été vivement émus
à la lecture de l'histoire de M. Benoit et de son
chien; et Laure, petite fille charmante de dix
ans, versait de grosses larmes. « Papa, dit-elle
à M. Maurice, lorsque ses sanglots commencèrent à s'apaiser, veux-tu me permettre de

raconter une jolie histoire d'un chien que j'ai lue ce matin dans un livre que tu m'as prêté ? » M. Maurice fit un signe d'approbation, et Laure, avec assez de grâce, s'exprima ainsi :

« En creusant les ruines des villes de Pompeïa et d'Herculanum qui furent englouties par les laves brûlantes que vomit le Vésuve dans une de ses irruptions, on trouva le squelette d'un chien tout près du berceau d'un enfant de dix à douze ans. Ceux qui dirigeaient les fouilles conjecturèrent que ce chien, dans la position où il se trouvait, avait cherché à sauver la vie de son jeune maître, au moment où cette épouvantable catastrophe était venue fondre sur la ville. Cette conjecture se trouva confirmée par la découverte d'un collier d'un travail curieux qui se trouve maintenant dans la galerie des antiques du grand duc de Toscane, sur lequel est gravée une inscription en grec qui rapporte l'histoire de ce chien. D'après l'inscription, il paraît que ce chien s'appelait Delta, et qu'il appartenait à un homme appelé Severinus, à qui il avait sauvé la vie à trois reprises différentes : d'abord il le retira des flots de la mer où il était tombé et où il se noyait; la deuxième fois, il mit en fuite quatre brigands qui l'avaient attaqué à l'improviste; et la troisième, il combattit une louve furieuse qui s'était précipitée sur Severinus qui lui avait ravi ses louveteaux qu'elle allaitait dans un bois consacré à Diane, près d'Herculanum. Après ces exploits, Delta s'attacha particulièrement à un des enfans de Severinus, le suivait partout, et ne prenait de nourriture que celle que lui présentait cet enfant. Le squelette qu'on a trouvé et l'inscription du collier ne peuvent laisser aucun doute sur l'existence de ce chien, et prouvent jusqu'à l'évidence que cet animal ne voulut pas quitter son jeune maître, et que lorsqu'il s'aperçut qu'il ne pouvait lui sauver la vie, il préféra, en serviteur fidèle, partager son triste sort. »

« Voilà, dit M. Maurice, d'agréables histoires; et je pense qu'elles serviront à prouver l'instinct généreux du chien. Le chat lui est assurément inférieur sous ce point, puisqu'on convient généralement qu'il a un caractère astucieux, vindicatif, cruel, rapace et ingrat. La nature l'a doué de tous les avantages qui distinguent les bêtes féroces habituées à vivre de proie et à détruire les animaux d'une espèce plus faible. Cependant, en état de domesticité, le chat a fréquemment donné des preuves de sagacité et d'attachement qui seraient capables d'affaiblir les témoignages de réprobation qu'on fait peser sur toute l'espèce. Mon père, ajouta M. Maurice, lors du voyage qu'il fit en Angleterre, m'a souvent répété, au sujet de ces animaux, un fait que je vais vous faire connaître. Le comte de Southampton, ami et compagnon de l'infortuné comte d'Essex, avait été renfermé dans la Tour de Londres par suite de l'issue fatale de la conspiration qu'ils avaient tramée contre la reine Élisabeth ; le comte languissait déjà depuis plusieurs mois dans sa prison, lorsqu'un jour il fut fort surpris de la visite que lui fit un chat qu'il aimait beaucoup. Suivant la tradition , cet animal était parvenu à s'élever jusqu'au sommet de l'édifice, puis était descendu par la cheminée, et s'était rendu auprès de son maître. Un tableau qui était dans la possession de la duchesse de Portland, et qui re-

présente le comte assis et ayant sur ses ge-
noux le fidèle animal, sert à confirmer ce fait
singulier. »

« Un autre fait de ce genre est arrivé il y
a peu d'années dans mon voisinage, continua M. Maurice, et je puis d'autant moins
douter de sa véracité, qu'il m'a été rapporté
par une personne digne de foi qui en a été
le témoin oculaire. La dame chez qui le fait
s'est passé était, un jour d'hiver, assise auprès de son feu, lorsque son chat s'approcha
d'elle, la regarda fixement, et se mit à miau-
ler avec un accent tout-à-fait pitoyable. Occupée à des affaires de ménage, elle ne prêta
pas d'abord son attention aux lamentations
de son chat; mais celui-ci ne se découragea
pas, et continua de faire retentir la chambre
de ses cris; en même temps il se dirigeait vers
la porte, et revenait successivement vers sa
maîtresse avec les marques d'une vive anxiété. Cette action si souvent répétée et d'une
manière si intelligible, engagea la dame à
chercher la cause de l'inquiétude du pauvre
chat; cependant elle hésitait encore à quitter le coin de son feu, lorsque le chat, éten-

dant ses griffes, la tira avec force par ses vêtemens. Elle ne put résister plus long-temps à ses sollicitations, elle se leva, suivit l'animal dans une espèce de petite buanderie où se trouvaient plusieurs cuviers remplis d'eau, dans l'un desquels un enfant âgé de deux ans venait de tomber, et était sur le point de se noyer. Ce chat intelligent sauva la vie à cet enfant, et fit preuve, dans cette circonstance, d'un attachement qu'on rencontre rarement chez ses semblables. Cependant, lorsque la famille quitta la maison peu de temps après, le chat ne put consentir à venir habiter le nouveau logement, et en dépit de toutes les précautions, retourna dans l'ancien appartement de ses maîtres. »

Vous voyez que nos réunions se passent de la manière la plus agréable et en même temps la plus profitable, et il est bien rare que nous nous séparions sans nous communiquer quelque anecdote curieuse relative soit à l'histoire ou au caractère des grands hommes, soit aux merveilles de la nature, et aux sujets intéressans qu'elle offre à chaque pas. Quand on nous fait connaître un fait extraordinaire ou peu connu, j'en prends note dans un petit agenda, dans le but de vous le communiquer. En jetant un coup-d'œil sur mon agenda, j'ai été frappée de la note suivante que je soumets à votre examen. Un naturaliste a calculé le nombre des pièces osseuses qui se trouvent dans le squelette d'animaux rares à l'état vivant, mais dont on remarque les débris dans beaucoup de terrains, et qu'on nomme *encrinites*. « Un examen attentif, dit-il, m'a convaincu qu'indépendemment des pièces qui forment la colonne vertébrale, et qui par suite de sa grande longueur doivent avoir été très nombreuses, la partie supérieure du squelette consiste au moins en vingt-six mille pièces diverses réparties dans les bras, les mains, les tentacules et surtout les doigts. »

Quel art admirable dans la structure et dans le mécanisme de cette étonnante créature! Quoi! malgré une complication si prodigieuse de toutes ses parties, chaque membre, chaque articulation, chaque os, remplira ses fonctions à l'état de vie, sans que la confusion, sans que le désordre règne un

seul instant dans ces organes brisés en mille
endroits, et l'animal exécutera avec régula-
rité tous ses mouvemens, remplira toutes
ses fonctions avec aisance et facilité, et dé-
veloppera son instinct et ses forces! En vérité, tout cela me paraît surpasser les bornes
de mon intelligence.

Le globe que nous habitons recèle une
foule d'objets curieux que la multitude et
les personnes du monde, même après les
avoir eus des années entières sous les yeux,
ne savent pas étudier ni apprécier. Il faut
avoir bien de l'indifférence ou de la paresse
pour dédaigner ainsi des merveilles qui s'offrent chaque jour à nos regards! Je crois
que l'éducation des villes, où les produits
des arts fascinent sans cesse notre vue, dé-
tourne notre attention de l'étude de la nature, et qu'un simple insecte qui souvent
est pour nos citadins un objet d'horreur,
pourrait leur fournir, en le considérant
avec attention, une utile et importante leçon.

Madame Dufresne, Cécile et moi, nous par-
tons pour la promenade, et Cécile même me

presse de descendre. Adieu, adieu, je suis toujours votre amie affectionnée.

---

## LETTRE XIV.

### ÉMILIE A CAROLINE.

Ma charmante amie,

Bien loin maintenant de vous plaindre et d'envisager comme une calamité votre éloignement de Paris et votre retraite en Bretagne, je commence à envier les plaisirs que vous goûtez dans votre élégant hermitage. La société de madame Dufresne, l'amitié de Cécile me paraissent une compensation bien douce de la perte de toutes vos connaissances. Moi-même je me fatigue déjà de ces conversations futiles que répètent sans cesse des têtes légères et évaporées, et souvent j'ai été tentée, au milieu des cercles les plus brillans, de quitter la partie, tant le dégoût que m'inspiraient ces réunions insipides avait d'empire sur moi.

C'est dans cette situation où je me trouvais dernièrement chez madame de Saint-Amand, lorsque je vis entrer M. David, jeune cousin de cette dame, qui revient des Indes orientales, et qui lui fit cadeau, ainsi qu'à ses filles, d'un grand nombre de curiosités de ces pays lointains. Après qu'il eut étalé et qu'on eut admiré des schals, des mousselines et des soieries, il leur montra plusieurs oiseaux charmans et des singes d'espèces différentes. M. de Saint-Amand prit aussitôt la parole, en engageant ses filles à ne pas accepter les magots, parce qu'il avait pour eux une aversion qui datait déjà d'un grand nombre d'années. « Un animal de cette espèce vindicative, dit-il, habitait une ferme à peu de distance du lieu où mon père m'avait mis à l'école. Un dimanche, on dirigea notre promenade du côté de cette ferme, et mes camarades et moi nous nous empressâmes d'aller rendre visite à Jacquot, pour être témoins de ses gambades et de ses grimaces. Mes camarades avaient fait provision de noix, de pommes et de fruits pour les distribuer à cet animal. Par malheur j'avais oublié d'en faire autant ; mais ne voulant pas lui rendre ma visite sans lui offrir quelque chose, je lui jetai une coquille d'huître qu'il reçut avec adresse et rejeta avec fureur quand il s'aperçut qu'elle ne contenait rien de bon à manger. Il m'exprima même son ressentiment d'une manière non équivoque pour le tour que je lui avais joué. Mes camarades continuèrent à s'amuser avec lui jusqu'au moment où vint l'heure de la retraite ; chacun d'eux, en signe d'adieu, prit alors successivement la patte du singe, qui se prêta avec grâce et cordialité à cette manœuvre. Quand mon tour arriva, il se rappela l'offense que je lui avais faite, il s'élança sur mon bras avec rage, me mordit à la main, et se serait, je crois, précipité sur moi s'il n'eût été retenu par sa chaîne. »

J'examinais avec attention toutes ces curiosités, et le voyageur s'apercevant que je désirais connaître les habitudes et l'instinct de ces animaux, satisfit ma curiosité en entrant dans quelques détails qui m'intéressèrent singulièrement. Ce qui m'amusa le plus, ce fut l'instinct d'une certaine espèce de moineau qu'on trouve dans l'Indostan, et qui pendant la nuit illumine son nid au moyen des vers luisans qu'il va chercher dans les buissons, qu'il apporte à sa demeure, et qui, de peur qu'ils ne s'échappent, les fixe au moyen d'une argile particulière.

Notre voyageur a souvent assisté aux combats des bêtes féroces dans l'île de Java, et c'est ainsi qu'il nous a raconté cette scène qui fait frissonner d'horreur. « Lorsque, pour l'amusement du roi et de la cour, on veut faire combattre un tigre et un buffle sauvage, on apporte leurs cages sur le lieu du combat, et l'arène est formé, par un cordon de troupes javanaises sur quatre hommes de hauteur, portant des piques de différentes longueurs. Les extrémités réunies de ces piques forment un mur hérissé de pointes, et où les animaux doivent trouver la mort dans le cas où ils s'efforceraient de sortir de l'enceinte. Cette précaution ne réussit pas toujours, et plusieurs de ces pauvres soldats sont souvent mis en pièces ou mutilés de la manière la plus cruelle par ces animaux furieux.

« Lorsque tout est disposé pour le combat, on enlève le dessus de la cage du buffle, et on lui frotte le dos avec les feuilles d'une certaine plante qui a la singulière propriété de lui causer des douleurs intolérables. On ouvre alors la cage, l'animal, stimulé par la douleur, s'en échappe avec fureur et en poussant d'effroyables mugissemens. La cage qui renferme le tigre est également ouverte, et on y met le feu afin de l'en faire sortir, ce qu'il fait généralement en sortant à reculons. A peine le tigre a-t-il aperçu le buffle qu'il s'élance sur lui ; son puissant antagoniste s'arrête, l'attend la tête basse, la corne menaçante, et tout prêt à lancer en l'air son ennemi s'il peut saisir le moment favorable. Si le buffle a réussi à faire ainsi voler son ennemi dans les airs, le tigre, meurtri de sa lourde chute, reprend cependant ses sens, mais n'est plus tenté de recommencer cette terrible attaque ; si le tigre, au contraire, parvient à éviter les armes redoutables de son adversaire, il le saisit par le cou ou par une autre partie du corps, lui arrache d'effroyables lambeaux de chair, et lui fait de profondes blessures qui font ruisseler son sang. La plupart du temps, cependant, la force et le courage du buffle parviennent à surmonter l'adresse et la férocité du tigre. »

Le cousin de madame de Saint-Amand nous a promis de passer plusieurs jours avec nous, ce qui me fournira peut-être l'occasion de recueillir quelques faits nouveaux sur notre sujet favori. Je m'empresserai, bonne amie, de vous en faire part. Ma lettre est si longue, que je vous prie d'agréer les excuses de votre amie.

---

## LETTRE XV.

### CAROLINE A ÉMILIE.

Mon Émilie,

Les singes ne sont pas les seuls animaux vindicatifs. Plusieurs autres espèces sont susceptibles d'éprouver les terribles fureurs que le désir de la vengeance allume dans les cœurs. Chez ces animaux, la raison ne vient pas tempérer la fougue de leurs penchans; ils cèdent à l'impulsion de leurs sentimens sans que rien puisse les modérer.

Sonnini, qui a visité l'Égypte, nous apprend que le chameau, si renommé par sa patience et sa modération, est sensiblement affecté par l'injustice et les mauvais traitemens. « Les Arabes affirment, dit-il, que, lorsque quelqu'un a maltraité un chameau sans motif apparent, l'agresseur échappe rarement à la vengeance de l'animal. Ils prétendent même qu'il garde rancune à son ennemi jusqu'à ce qu'il se présente une occasion de satisfaire son penchant pour la vengeance. Dans les accès de leur rage, ajoute-t-il, les chameaux saisissent les hommes avec leurs dents, les renversent et les foulent cruellement aux pieds. Mais si ces puissantes bêtes manifestent un ressentiment si profond pour les injures, ils déposent toute haine dès que leur vengeance est une fois satisfaite, il suffit même souvent qu'ils croient avoir assouvi cette passion furieuse sur leur ennemi, pour qu'ils la bannissent à jamais. D'après cette observation, lorsqu'un Arabe s'est attiré, par de mauvais traitemens, la haine d'un chameau, il se dépouille de ses vêtemens, les dépose à terre près d'un chemin où l'animal doit passer, de manière à figurer un homme qui se livre au sommeil. Le chameau reconnaît les vêtemens de celui qui l'a traité avec injustice, il s'en empare, les secoue avec violence, les foule aux pieds et les met en pièces. Lorsque sa fureur est apaisée, il les abandonne, alors le maître peut paraître sans crainte, charger et guider l'animal, qui se soumet avec une étonnante docilité à la volonté d'un homme qu'il voulait, peu d'instans auparavant, punir cruellement.

« J'ai vu souvent, dit-il, des dromadaires fatigués par les provocations de ceux qui les montaient, s'arrêter court, tourner vers eux leurs têtes pour les mordre, en poussant des cris de rage. Dans ces circonstances, il faut bien prendre garde de descendre, car l'animal vous donnerait la mort, et s'abstenir surtout de le frapper encore pour ne pas allumer au plus haut point sa rage. Tout ce qu'il reste à faire, c'est d'attendre avec patience, de flatter l'animal de temps en temps avec la main; peu à peu il reprend sa marche et son flegme habituel. »

Je pourrais, ma chère Émilie, vous parler ici de la faculté dont jouissent les chameaux, de traverser d'immenses espaces arides presque sans boire, de découvrir les sources d'eaux à de très grandes distances; de la forme de leurs pieds, si propres à fouler les sables mouvans du désert; mais vous avez lu déjà sans doute tous ces détails dans les livres d'histoire naturelle, et je suis convaincue que ce sont des harmonies de la nature qui vous sont déjà familières. Ces harmonies de la nature sont véritablement innombrables, et la découverte de quelques unes d'entre elles surprend toujours agréablement l'esprit. Je vous rapporterai à ce sujet un petit événement qui est arrivé chez nous hier soir, au moment où M. Maurice et sa famille étaient venus prendre part à une petite collation que leur avait offerte madame Dufresne.

Un enfant ayant découvert la retraite qu'une vipère s'était ménagée dans la haie qui environne notre jardin, M. Maurice y courut, assomma cet hôte dangereux, et l'apporta dans la salle, afin de nous faire voir le mécanisme de sa gueule, si propre à engloutir des proies plus volumineuses que le corps même du reptile. Pour remplir ce but, la tête de cet animal est large et aplatie, sa gueule est vaste et disproportionnée avec la dimension de son corps, ce qui permet aux mâchoires de former une ouverture considérable. Mais cette grande ouverture n'aurait pas encore suffi pour dévorer la proie; pour y parvenir, la nature, au lieu d'unir l'extrémité inférieure des mâchoires par une articulation osseuse comme dans l'homme, les a seulement attachées par un muscle extensif et puissant qui les maintient dans leur position à l'état ordinaire, mais qui leur permet de s'écarter considérablement quand il s'agit de faire passer dans la gorge une proie d'une dimension un peu forte. Cette gorge elle-même est vaste et très élastique, elle se contracte et s'étend alternativement selon l'étendue de la proie dévorée. Une partie de cette proie seulement est reçue dans l'estomac, espèce de sac qui n'est pas, à beaucoup près, aussi étendu et aussi dilatable que la gorge; ainsi le morceau reste fixé dans la gorge jusqu'à ce que la partie qui est descendue dans l'estomac soit amollie, atténuée et changée en chyle par le travail de la digestion. Cette partie une fois digérée, la proie descend, une nouvelle portion remplit l'estomac, y subit les mêmes changemens que la première, et ainsi de suite successivement jusqu'à ce que toute la proie disparaisse par la digestion.

Les serpens sont des reptiles redoutables qui inspirent la terreur à presque tous les autres animaux; mais il n'est pas vrai, comme l'ont rapporté des voyageurs, qu'ils fascinent les oiseaux et les petits quadrupèdes, et qu'ils les forcent à se précipiter eux-mêmes dans leur gueule. Quelques voyageurs ont même été plus loin, et ont affirmé que l'homme lui-même ne peut résister à la force magique qu'exercent sur lui les yeux étincelans du serpent à sonnettes, et que, plein de trouble, il s'offre lui-même à la dent envenimée du reptile, au lieu de l'éviter par une prompte fuite. Ces faits absurdes sont démentis aujourd'hui par des voyageurs véridiques ; il paraît même que les cochons sauvages, au lieu de fuir les serpens à sonnettes, les recherchent pour s'en nourrir, et il n'est pas jusqu'à de faibles oiseaux qui n'osent quelquefois leur livrer bataille. Un naturaliste distingué rapporte avoir vu souvent des serpens à sonnettes aux prises avec une petite troupe d'oiseaux, espèce de merle de l'Amérique, qu'on appelle *moqueurs*.

Il en est de même du bel et grand oiseau qu'on appelle *secrétaire* ou *messager*. Avec les armes des oiseaux carnassiers, cet animal n'a rien de leur férocité, il ne se sert de son bec ni pour offenser ni pour se défendre, il évite l'approche ou l'attaque d'un ennemi, tel faible qu'il soit. Doux et gai, il devient aisément familier, et les services qu'il rend par son instinct l'ont fait rechercher au Cap pour le réduire en domesticité. Il fait la chasse aux rats, aux lézards, aux crapauds et aux serpens. La manière dont il se rend maître de ces derniers dénote une intelligence très perfectionnée. Lorsque le secrétaire découvre un serpent, il l'attaque d'abord à coups d'ailes pour le fatiguer; il le saisit ensuite par la queue, l'enlève à une grande hauteur en l'air et le laisse retomber; ce qu'il répète jusqu'à ce que le serpent soit mort. Quand on approche ce bel oiseau, lorsqu'il court çà et là avec un maintien vraiment superbe, il fait un craquement continuel; mais revenu de la frayeur qu'on lui causait en le poursuivant, il se montre familier et même curieux. Tandis qu'un dessinateur était occupé, à la ménagerie de Paris, à peindre un de ces oiseaux, le secrétaire vint auprès de lui pour regarder sur le papier, dans l'attitude de l'attention, le cou tendu et comme s'il admirait sa figure. Sa plus grande force paraît être dans son pied. Si on lui présente un poulet vivant, il le frappe d'un violent coup de patte et l'abat du second. C'est encore ainsi qu'il tue les rats après qu'il les a guettés assidûment devant leurs trous.

C'est M. Maurice qui me révèle toutes ces choses curieuses, et vous allez voir combien sa conversation est intéressante et inépuisable. « Les anciens, nous a-t-il dit, ont prétendu qu'il existait une espèce d'hommes qui, par leurs attouchemens, guérissaient les morsures des serpens, et maniaient ces animaux sans danger. Sans croire entièrement cette allégation des anciens, je puis cependant vous assurer qu'il y a des hommes dans l'Inde qui prétendent avoir le pouvoir de charmer le serpent à sonnettes, l'une des espèces les plus redoutables de ce pays. Ils savent si bien l'apprivoiser, qu'ils lui font exécuter, au son de la flûte, une sorte de danse. Les bateleurs du Caire, capitale de l'Égypte, se servent également dans leurs exercices de plusieurs serpens qu'ils savent très bien apprivoiser, surtout une espèce redoutable, nommée aspic par les anciens, et *hajé* par les modernes. Après lui avoir arraché les crochets venimeux, précaution indispensable, ils l'apprivoisent et le dressent à un grand nombre de tours plus ou moins singuliers. Ils peuvent, comme ils le disent, changer l'hajé en bâton, et l'obliger à contrefaire le mort. Lorsqu'ils veulent produire cet effet, ils lui crachent dans la gueule, le contraignent à la fermer, le couchent à terre, puis comme pour lui donner un dernier ordre, lui appuient la main sur la tête. Aussitôt le serpent devient roide et immobile; ils le réveillent ensuite quand il leur plaît, en saisissant la queue et la roulant fortement entre leurs mains.

« Le célèbre naturaliste Geoffroy Saint-Hilaire, qui accompagna l'expédition française en Égypte, témoin de ces effets remarquables, crut s'apercevoir que, de toutes les actions qui composent la pratique de ces bateleurs, une seule était efficace pour produire ce sommeil léthargique, et voulant vérifier ce soupçon, il engagea l'un d'eux à se borner à toucher le dessus de la tête. Mais celui-ci reçut cette proposition comme celle d'un horrible sacrilége, et se refusa, malgré toutes les offres qu'on put lui faire, à contenter le désir du naturaliste. La conjecture du savant était cependant bien fondée, car ayant appuyé un peu fortement le doigt sur la tête de l'*hajé*, il vit aussitôt se manifester tous les phénomènes produits par le bateleur. Celui-ci, à la vue d'un tel effet, crut avoir été témoin d'un prodige, et s'enfuit frappé de terreur. Ces jongleurs se vantent en effet de tenir de leurs ancêtres et de posséder seuls le secret de commander aux animaux; ils engagent les gens du peuple à les imiter et à faire des tentatives qu'ils savent bien devoir être inutiles, et qui le sont en effet constamment; car ceux-ci se bornant à faire ce qui les frappe le plus dans la pratique des bateleurs, se contentent de cracher dans la gueule du serpent, et ne réussissent jamais à l'endormir. »

Ne trouvez-vous pas, chère Émilie, qu'une pareille conversation est pleine de charme. Il me semble que depuis que j'habite avec ma tante et ma cousine, et que je fréquente cet estimable M. Maurice, mon esprit s'est élevé, que mon intelligence s'est étendue, et que tout m'apparaît sous un jour nouveau.

Adieu, mon Émilie, écrivez-moi bientôt, et vous comblerez les vœux de votre fidèle amie.

# LETTRE XVI.

### ÉMILIE A CAROLINE.

Je vous ai déjà fait savoir, ma bonne Caroline, que quand mon père et M. Gérard reviennent de la chasse, ils ne parlent que des exploits du jour; ce qui les conduit souvent à faire des dissertations curieuses sur l'intelligence des animaux et sur d'autres sujets d'histoire naturelle. Quand la conversation prend cette tournure, j'écoute alors avec toute mon attention. L'autre jour, quoique mon père n'aime pas à être interrompu, je ne pus m'empêcher de presser M. Gérard pour qu'il me donnât des détails sur l'étonnante vitesse du vol des oiseaux, et mon père, saisissant cette occasion, nous parla de la vitesse comparative des animaux.

Pendant son séjour en Angleterre, il avait vu, dit-il, un fameux cheval de course appelé l'Éclipse, qui parcourait près de 1700 mètres par minute, et il doutait qu'un oiseau pût parcourir cet espace avec une semblable rapidité. M. Gérard répondait que l'exemple de ce cheval surpassait tout ce qu'il connaissait dans ce genre; mais que cette rapidité extraordinaire ne saurait être comparée à l'aisance et à la vitesse que mettent les animaux emplumés dans leurs voyages aériens, surtout si l'on tient compte de la fatigue extrême et de la lassitude qui accable le cheval après un exercice aussi violent pour lui. « Mais, ajouta-t-il, pour vous donner une idée exacte de la faculté que possèdent les oiseaux de parcourir d'immenses espaces dans un temps très court, je vous ferai connaître les gradations qui existent dans la vitesse de différens animaux. J'ai recueilli ces notions de la bouche même d'un propriétaire qui a conservé un goût décidé pour la chasse aux oiseaux de proie, aujourd'hui généralement abandonnée. Ce genre de distraction l'a mis à même de faire sur ce sujet d'utiles observations. Dans un pari où l'on avait choisi le cheval le plus leste et le plus vigoureux, on lâcha en plaine un lièvre; puis deux magnifiques levriers et le cheval, monté par

un jockei, furent aussitôt lancés sur ses traces. C'était par une belle matinée du mois de
mars, au moment où on suppose que les lièvres ont le plus de vigueur. Les levriers ne
purent jamais atteindre le lièvre qui fuyait
devant eux avec une excessive légèreté. Le
jockei, quoiqu'il fût fort habile dans ce genre
d'exercice et d'un poids fort léger, assura
que, pendant tout le temps, son cheval avait
bien suivi les traces des levriers mais que
jamais il n'aurait pu atteindre le lièvre; il
prétendait même qu'à chaque instant cet
animal gagnait du terrain sur eux. Les lapins
se hasardent rarement un peu loin de leur
terrier; mais on sait parfaitement que lorsqu'on les surprend à quelque distance, ils dé-
campent encore avec plus de rapidité que le
lièvre, fait clairement prouvé d'ailleurs par
cette observation souvent répétée que les
levriers forcent rarement un lapin, et que
quand ils le tuent, c'est par surprise ou par
les ruses des chasseurs. Le faucon le moins
rapide attrapera sans effort un lapin à la
course, ce qui prouve que son vol est
beaucoup plus accéléré que la course de ce-

lui-ci ; cependant le faucon a le vol trop lourd pour atteindre une perdrix ; il faut en choisir un qui soit plus exercé à cette chasse pour attaquer cet oiseau qui semble pesant ; les faucons, plus vifs, peuvent à peine suivre les pigeons, et on n'en trouve pas un seul que les hirondelles ne laissent bien loin derrière elles. Ainsi donc, si nous prenons pour terme de comparaison le cheval merveilleux dont vous parliez tout-à-l'heure, qui parcourait ainsi vingt lieues à l'heure, exercice beaucoup trop violent d'ailleurs pour qu'un cheval puisse le soutenir pendant tout ce temps, et que vous compariez successivement cette vitesse à celle des levriers, des lièvres, des lapins, des faucons plus ou moins rapides, des pigeons et des hirondelles, vous aurez alors une idée exacte de l'étonnante vélocité avec laquelle les oiseaux parcourent d'immenses étendues de pays. Si l'on suppose même qu'ils n'avancent pas plus vite que votre cheval, ou qu'ils parcourent 1700 mètres par minute et vingt lieues à l'heure, vous verrez que dans vingt-quatre heures ils auront franchi un espace de près de cinq

cents lieues. Mais si vous tenez compte de
leur marche supérieure, et que vous ajou-
tiez à cela un vent favorable, il devient très
probable que cet espace sera franchi en beaucoup moins de temps. »

Mon père, après quelques signes d'incrédulité, ne put néanmoins s'empêcher de se
rendre aux argumens de M. Gérard, qui, pour
convaincre de plus en plus son antagoniste,
lui démontra combien la structure des oiseaux les rendait propres au vol. « La sagesse
de la Providence, dit-il, a pourvu chacun
d'eux des organes les plus propres à remplir
le but de leur création. Les oiseaux de passage, dont la forme et les facultés se prêtent
si bien à ces longues émigrations que leur
instinct les porte à entreprendre, nous en
offrent un exemple bien remarquable. Ainsi,
pour ne parler que de l'hirondelle, la forme
conique de son bec et de sa tête oppose peu
de surface à la résistance de l'air qui glisse
encore avec facilité sur un vêtement de plumes fermes et lisses. Les cavités remplies
d'air qui existent dans ses os lui procurent
en outre une légèreté étonnante ; enfin ses

ailes fortes et garnies de longues plumes, et sa queue large dont elle se sert comme d'un gouvernail, tout dénote que cet oiseau est essentiellement créé pour voler, pour se nourrir d'insectes aériens, et parcourir d'immenses espaces en peu d'instans. Je me rappelle, ajoute-t-il, d'avoir vu en Hollande un pigeon qui, en moins d'une demi-heure, se rendit d'Utrecht à Anvers, et franchit ainsi un espace de plus de vingt lieues. On connaît l'histoire du faucon de Henri II, qui, s'étant emporté après une bande de canards à Fontainebleau, fut pris le lendemain à Malte, et reconnu à l'anneau qu'il portait au cou. »

Ces effets étonnans de la rapidité des oiseaux de passage ont fait naître en moi le désir de connaître quelques particularités sur leurs excursions. Peut-être votre ami M. Maurice pourra-t-il, sur ce point, satisfaire ma curiosité. Si vous pouvez obtenir de lui des détails sur cette matière, ce sera un beau sujet pour votre réponse que j'attendrai avec impatience.

Adressez-moi maintenant mes lettres à

Paris, car, à mon grand regret, les affaires
de mon père me contraignent d'y aller passer six semaines. Comptez toujours sur mon
amitié.

## LETTRE XVII.

### CAROLINE A ÉMILIE.

Ma chère amie,

Votre désir de connaître des détails sur
les migrations des oiseaux de passage a été
le motif d'une leçon très curieuse de M. Maurice sur ce sujet; je vais vous en donner
une idée sommaire.

« Les animaux, dit ce naturaliste, peuvent, eu égard à leur mode d'habitation, se
diviser en deux classes; les uns restent pendant toute la durée de leur vie dans les régions où ils ont pris naissance, ou du moins
ils s'en éloignent fort peu et par des causes
particulières faciles à apprécier; d'autres, au
contraire, entreprennent soit périodique-

ment dans certaines saisons de l'année, soit à des époques non périodiques, des voyages de long cours, et se rendent à des distances quelquefois très considérables, le plus ordinairement pour y passer un certain laps de temps, d'autres fois même pour s'y établir tout-à-fait. Ce sont ces voyages qu'on a coutume de désigner sous le nom de migrations.

« Les animaux chez lesquels les mouvemens de progression s'exécutent avec lenteur ou difficulté, et par conséquent avec peine et fatigue, ne peuvent faire que de très petites excursions. Ainsi, généralement, les quadrupèdes et les reptiles voyagent peu, tandis que les oiseaux pourvus d'ailes, que leurs formes et leurs dimensions rendent propres à un vol soutenu, et parmi les poissons, ceux auxquels les modifications de leur queue et de leurs nageoires, la figure générale de leur corps, et surtout la nature de l'élément fluide dans lequel ils sont plongés, rendent les mouvemens peu difficiles et peu pénibles, doivent au contraire être très propres à se porter à de grandes distances.

« Les exemples de migrations parmi les quadrupèdes sont rares; mais il faut cependant en excepter celles d'une espèce de rats appelés *Lemming*, qui vit en peuplades immenses, chacun dans un trou particulier, sur les montagnes de la Laponie, et qui émigre à des époques irrégulières, au plus une fois en dix ans, vers l'Océan et le golfe de Bothnie. Ces excursions précèdent les hivers rigoureux. Les lemmings doivent en avoir le pressentiment, car à l'approche de l'hiver de 1742, qui fut extrêmement rigoureux en Laponie, et beaucoup plus doux dans le nord de la Suède, ils émigrèrent d'un pays dans l'autre. Quelle que soit la cause de ces expéditions, elles se font par un merveilleux accord de toute la population d'une contrée. Formés en colonnes parallèles, aucun obstacle ne peut suspendre ni détourner la marche toujours en droite ligne; la halte dure tout le jour, et l'endroit où ils séjournent est rasé comme si le feu y avait passé. Presque tous ont péri avant d'avoir vu la mer. Il n'en reste pas la centième partie pour retourner au pays, car l'objet du voyage n'est pas d'aller s'établir ailleurs, sans cela ils se seraient propagés fort loin, puisqu'ils traversent aisémant les plus grands fleuves et même les bras de mer; or, les lemmings ne se trouvent que dans la Laponie suédoise.

« Les migrations des oiseaux sont connues de tout le monde, et il n'est personne qui ignore que les merles, les grives, les fauvettes, le rossignol, les hirondelles, les coucous, les colombes, les grues, les cigognes, les hérons, les oies, les canards et beaucoup d'autres vont, dans certaines saisons de l'année, chercher dans d'autres climats la température qui leur convient. Dans plusieurs des espèces, les individus qui doivent faire partie de la même troupe se rendent tous sur le même point, à la même époque, et partent tous ensemble de ce lieu de rendez-vous, rangés dans un ordre régulier, et disposés de la manière la plus propre à leur permettre de vaincre, avec le moins d'effort possible, la résistance de l'air. « Ce vol, dit Buffon en parlant des migrations de l'oie sauvage, se fait dans un ordre qui suppose des combinaisons et une intelligence supérieure à celle

des autres oiseaux. Celui qu'observent les
oies semble leur avoir été tracé par un instinct géométrique; c'est à la fois l'arrange-
ment le plus commode pour que chacun
suive et garde son rang, en jouissant en
même temps d'un vol libre et ouvert devant
soi, et la disposition la plus favorable pour
fendre l'air avec plus d'avantage et moins de
fatigue pour la troupe entière; car elles se
rangent sur deux lignes obliques formant un
angle à peu près comme un V, ou si la bande
est petite, elles ne forment qu'une seule ligne; mais ordinairement chaque troupe est
de quarante ou cinquante. Chacun y garde
sa place avec une justesse admirable; le chef,
qui est au sommet de l'angle, et fend l'air le
premier, va se reposer au dernier rang lorsqu'il est fatigué, et tour à tour les autres
prennent la première place. »

« Il est maintenant reconnu que tous les
oiseaux qui émigrent, voyagent en troupes ou en famille, que les jeunes, chez le
plus grand nombre, ne voyagent pas avec
les vieux, et que, partant en famille, ils se
séparent pour se réunir en troupes com-

posées d'individus du même âge; les jeunes reviennent rarement dans les mêmes lieux qui les ont vus naître. Dans telle contrée, on ne trouve que les jeunes âgés de un ou deux ans, et dans telle autre, que des individus plus âgés; c'est ce qu'on a observé sur les hirondelles, les cigognes, les grues et plusieurs autres espèces. Plusieurs faits démontrent même que certaines espèces reviennent tous les ans couver dans les mêmes lieux et pondre dans le même nid.

« Parmi les poissons émigrans, nous citerons le hareng commun comme le plus remarquable. Pendant long-temps on a cru que tous les harengs se retiraient périodiquement dans les régions les plus froides des mers polaires, et que là, ne trouvant pas une nourriture proportionnée à leur nombre prodigieux, ils envoyaient au commencement de chaque printemps des colonies nombreuses vers les rivages plus tempérés de l'Europe et de l'Amérique. On a tracé la route de ces légions errantes; on a pensé que l'une de ces grandes colonnes se pressait autour des côtes d'Irlande, et se répandant sur le banc

de Terre-Neuve, allait remplir les golfes et
baies du continent américain; l'autre, des-
cendant le long de la Norwège, pénétrait
dans la mer Baltique, cinglait ensuite vers la
Grande-Bretagne, et inondait les côtes de
France et d'Espagne.

« Les harengs naviguent par bancs épais
et innombrables; à leur approche, la mer est
couverte d'une matière épaisse, visqueuse,
qu'on assure être lumineuse pendant la nuit.
Les oiseaux de mer, des requins, des cétacés
se réunissent autour de ces amas d'émigrans
dont ils détruisent des quantités incalculables,
et les pêcheurs préparant, leurs filets, viennent concourir à cette épouvantable destruction, qui n'influe pas sur l'espèce. La grande
pêche a lieu depuis la fin de juin jusqu'au commencement de janvier. On est même parvenu
à attirer les harengs sur des rivages qu'ils ne
fréquentaient pas. C'est surtout en Suède et
en Amérique qu'on les a appelés sur des plages où on ne les avait jamais vus, en faisant
éclore des œufs de harengs vers l'embouchure de fleuves où les individus sortis de
ces œufs contractent l'habitude de reve-

nir, suivis d'une innombrable progéniture.

« Parmi les autres classes d'animaux dont les migrations sont dignes d'attention, nous citerons quelques crabes, et ces sauterelles qui, s'avançant en nombre infini, ont plusieurs fois porté la désolation dans quelques contrées, et exercé des ravages que l'imagination conçoit difficilement, malgré le témoignage de voyageurs très dignes de foi. Ces migrations de sauterelles ou de quelques autres insectes ne sont nullement comparables à celles des oiseaux et des poissons ; elles sont irrégulières comme celles des lemmings, et heureusement plus rares encore.

« Quelles sont les causes de ces migrations singulières d'êtres si divers ? Il est probable, pour les insectes et les lemmings, que la multiplication considérable des individus amène la destruction des substances qui forment la nourriture habituelle de l'espèce, et que pour ne pas éprouver les besoins et les souffrances de la faim, ils quittent les lieux qu'ils habitent pour dévorer tout ce qu'ils rencontrent sur leur passage. La cause des migrations des poissons est plus évidente, et le besoin qu'ils éprouvent de rechercher des lieux favorables pour déposer leurs œufs, peut à lui seul rendre raison de ces courses périodiques. On sait qu'à la même époque, un grand nombre d'espèces parmi celles qui n'émigrent pas, remontent les fleuves dans le même but.

« Quant aux causes des migrations périodiques des oiseaux, on conçoit que les espèces qui se nourrissent d'insectes dans les pays chauds, ne pourraient y demeurer dans la saison froide, et qu'elles périraient nécessairement si elles n'allaient pas dans d'autres régions chercher la nourriture qu'elles ne peuvent plus trouver dans leur patrie. Une autre cause non moins puissante est le besoin d'échapper à la variation des saisons. C'est ainsi qu'une multitude d'espèces, après avoir passé le printemps et l'été dans nos climats, se retirent en automne et vont dans des régions retrouver une température plus douce dont nous ne jouissons plus. Réciproquement, d'autres espèces ne fréquentent nos côtes que dans la saison froide, et les quittent à la fin de l'hiver pour se rapprocher des pays du nord. Un oiseau de passage, qu'on prend soin de tenir dans une température constante, et auquel on donne une nourriture convenable, éprouve, comme dans l'état de nature, le besoin d'émigrer lorsque l'époque du départ est venue. Il annonce son désir par des battemens d'ailes, par des élancemens, et si l'on continue à le retenir, il ne tarde pas à périr. »

La nuit mit fin à notre conversation ; mais avant de nous séparer, il fut convenu que Cécile et moi nous accompagnerions M. Maurice dans une petite excursion qu'il se propose de faire sur le rivage de la mer. Madame Dufresne nous a donné son approbation. A mon retour, je vous écrirai tout ce que j'aurai vu de remarquable, si vos occupations à la ville vous permettent de lire une épître longue et peut-être insipide de votre amie.

# LETTRE XVIII.

### LA MÊME A LA MÊME.

Ma chère Émilie,

Nous voilà de retour d'une agréable excursion que nous avons faite à Belle-Isle-en-mer. Je suis enfin rendue à la protection et à l'amitié de ma chère tante. Tout le monde a été charmé de notre retour, et si vous aviez été témoin de la réception qu'on nous a faite, vous auriez imaginé que c'était depuis plusieurs mois et non pas depuis peu de jours que nous étions absens. Je vais maintenant vous parler de mon voyage ou plutôt de ce que j'ai recueilli dans mon excursion.

« Un vieux marin que nous avons rencontré à Belle-Isle, et qui a fait bien des fois des voyages dans les mers du Nord, nous parlait ainsi des oiseaux aquatiques qu'on y connaît sous le nom de plongeons, de guillemots et de macareux :

« Les plongeons, dit-il, qui ont un peu la forme de nos canards, semblent être le lien qui unit les habitans de l'air à ceux des eaux. Également pesans dans leur vol et dans leur démarche, ils nagent avec une étonnante vivacité. Ils plongent surtout avec tant de facilité, qu'on les voit souvent parcourir de très longs espaces avant de reparaître à la surface de l'onde. Ces oiseaux font une grande consommation de poissons, se reposent rarement à terre, où les embarras de leur marche et leurs chutes fréquentes les exposent à de trop grands dangers ; ils nichent sur des plages inhabitées, et leur ponte consiste ordinairement en deux œufs brunâtres tachetés de noir.

« Les guillemots, qui partagent également avec les poissons le vaste domaine des eaux, n'ont que l'ébauche des organes du vol, et ces ailes imparfaites, qui peuvent à peine les soutenir dans leur marche, servent habituellement de nageoires pour nager entre deux eaux ou pour plonger, exercice dans lequel ils ne sont surpassés en adresse et en vivacité que par quelques poissons. Ils nagent sou-

vent le corps submergé, en laissant leur bec
au dessus des flots pour respirer l'air. Ces oiseaux, habitans des régions glacées du Nord,
ne les quittent que lorsque les frimas viennent solidifier les eaux; c'est alors que les
guillemots, quoique plongeant facilement
sous la glace, n'y trouvent plus qu'avec
peine les petits poissons dont ils font leur
nourriture; ils se décident alors à quitter
leurs froides demeures, s'embarquent par
troupes nombreuses sur d'énormes glaçons
flottans, et se laissent ainsi dériver plusieurs
centaines de lieues vers une température
moins rigoureuse, et dans laquelle ils pro-
longent leur séjour aussi long-temps que les
glaces s'opposent à leur retour dans leurs
chères et tranquilles demeures. Il arrive quelquefois que les guillemots, victimes de la
tempête, sont portés au loin par les vents
ou par les vagues, et délaissés bien avant sur
les plages; ils ne peuvent faire alors usage de
leurs ailes courtes et étroites; la marche leur
étant interdite à cause de la position de leurs
jambes, qui met le corps hors d'équilibre et
leur occasionne autant de culbutes qu'ils

cherchent à faire de pas, l'inanition met fin à leur existence, ou bien ils deviennent la proie des oiseaux ou des animaux carnassiers. Ils nichent en très grande société dans les trous des rochers du bord de la mer, et à la plus grande hauteur qu'ils puissent atteindre, et la ponte consiste en un seul œuf gros et disproportionné avec la taille de l'oiseau.

« Les macareux ont les mêmes formes, les mêmes mœurs que les guillemots, mais peuvent se soutenir un peu plus long-temps dans l'air. Souvent les macareux sont, après une grande tempête, jetés sur nos côtes, où ils arrivent si meurtris par les vagues, qu'ils se trouvent hors d'état de fuir, et se laissent prendre sans opposer la moindre résistance. Leurs œufs, au nombre de deux, sont fort gros, et déposés sur un matelas épais de duvet et de plantes, dans les crevasses des rochers ou dans des trous pratiqués sur les bords de la mer. »

Puisque dans ma lettre précédente je vous ai parlé des migrations des animaux, je suis bien aise de compléter ce sujet, en vous rappelant le récit que nous a fait le vieux marin, des voyages d'un crabe terrestre qu'on trouve dans les îles de Bahama, ainsi que dans plusieurs pays situés entre les tropiques.

« Ces animaux, racontait-il, qui se nourrissent de végétaux, vivent dans un état de société, soit dans leurs retraites sur les montagnes, soit dans leurs migrations qui ont lieu en avril ou en mai, au nombre de plusieurs millions à la fois. A cette époque, ils sortent des arbres creux, des fentes des rochers, des trous qu'ils se creusent eux-mêmes dans le sol, et couvrent si complètement la terre, qu'il serait impossible de faire un pas sans en écraser plusieurs. Tous se dirigent vers la mer, en suivant invariablement une ligne droite et sans être arrêtés par les obstacles. S'ils rencontrent des collines, ils les franchissent; si c'est une rivière, ils la traversent, en résistant le plus qu'ils peuvent au courant. Dans cette grande migration, le corps d'armée est généralement composé de trois divisions. La première consiste dans les mâles les plus forts et les plus hardis, qui, comme des pionniers, aplanissent les obstacles et affrontent les premiers le danger. Ceux-ci sont fréquemment obligés de s'arrêter en route faute de pluie, et de chercher un lieu propre à les abriter jusqu'à ce qu'un changement favorable de temps leur permette de se remettre en route. Le second et principal corps, qui n'est en général composé que de femelles, ne quitte guère les montagnes que lorsque la saison des pluies commence. Il marche dans un ordre régulier, en colonne de soixante pieds de large sur plus d'une lieue de longueur, et si serrée, qu'on aperçoit à peine la terre. Peu de jours après arrive le troisième corps, composé des traînards, et de mâles et de femelles qui ne sont pas aussi forts que ceux qui les ont précédés. Ces animaux voyagent surtout la nuit; mais s'il tombe un orage ou une pluie pendant la journée, ils ne manquent pas d'en profiter. Si on les inquiète dans leur marche, il se met un peu de confusion dans toute la troupe; ils s'arrêtent cependant, élèvent leurs pinces, les font claquer l'une contre l'autre, comme pour menacer leurs ennemis. Lorsque l'un d'eux vient à être blessé ou mutilé, et ne peut plus ainsi avancer, ils le dévorent sans pitié, comme pour se délivrer d'un obstacle et poursuivre plus aisément leur marche.

« Aussitôt que le terme de leur voyage, qui dure plusieurs semaines, est arrivé, ce qui a lieu lorsqu'ils ont atteint le rivage de la mer, ils se préparent à déposer leurs œufs, ce qu'ils effectuent en se laissant légèrement immerger par l'eau de la mer, qui probablement favorise cette fonction, puisque bientôt après on voit les œufs se rassembler sous leur queue, en une masse de la grosseur d'un œuf de poule. C'est alors qu'ils se rendent à la mer pour la dernière fois, et qu'ils abandonnent leurs œufs dans l'eau, à toutes les chances de destruction qui les menacent. Au moment où ces rivages sont couverts de ces œufs, des nuées de poissons affamés accourent pour se repaître de cette manne annuelle, et pour dévorer des millions de ces œufs ainsi abandonnés à leur voracité. Les œufs qui échappent à cette destruction sont ceux qui, par hasard, se trouvent recouverts par le sable, et ce sont ceux-là qui donnent naissance à une innombrable multitude de jeunes crabes qui se dirigent vers les montagnes. Pendant ce temps, les vieux sont devenus si maigres et si faibles, qu'ils sont contraints de rester dans les lieux bas des bords de la mer, jusqu'à ce qu'ils aient la force d'entreprendre le voyage de leurs montagnes. Dans cet état, ils se retirent dans des trous dont ils ferment l'entrée avec des feuilles ou de la terre, afin d'être à l'abri de tout danger pendant qu'ils dépouillent leur vieille enveloppe et en revêtent une nouvelle. Pendant cette opération, ils sont presque mous, sans défense et immobiles; mais aussitôt que la nouvelle enveloppe a pris un peu de dureté et de consistance, le crabe songe à son retour, et ne tarde pas à se mettre en route. C'est alors qu'il forme un manger fort délicat. »

Le jour même de notre arrivée, j'ai presque été témoin d'une aventure qui s'est passée dans la maison de **M.** Maurice. Je dois d'abord vous apprendre que **M.** Maurice garde à la cour un très gros chien, qui est en même temps fort intelligent. Très doux pour les amis de la maison, c'est un animal formidable pour tous ceux qu'il considère comme les ennemis de son maître. Pendant tout le jour, il reste enchaîné, mais le soir on le met en liberté. Un homme de peine, que M. Maurice emploie depuis long-temps aux gros travaux de sa ferme, avait su se concilier sa confiance. On lui avait confié la clé de la grange, et il portait fréquemment des sacs de farine de cette grange à la maison, pour l'usage de la famille. Un soir cet homme, que le chien connaissait bien, vint à la grange dans l'intention de voler un sac de blé. Le chien l'accompagna très tranquillement tout le temps qu'il suivit le chemin qui mène de la grange à la maison; mais quand il le vit enfiler la route qui conduit au village, il le saisit par son habit, et ne voulut plus le quitter; il le tirait avec violence, comme pour lui dire: « Où vas-tu avec le blé de mon maître? » L'homme chercha à se débarrasser du chien, mais sans succès; il tenta même de retourner à la grange avec son fardeau, mais le chien ne voulut en aucune façon qu'il allât ni d'un côté ni d'un autre. Dans cette singulière alter-

native, le voleur fut obligé de rester toute
la nuit, avec le sac d'un côté, et de l'autre le
chien qui le tenait ferme, mais sans le mordre
ou lui faire le moindre mal. Le lendemain
matin tout fut découvert, et le voleur n'eut
d'autre ressource que d'implorer la bonté de
M. Maurice, après avoir fait un aveu détaillé
de sa faute et de sa punition.

J'entends la cloche du dîner, et je n'ai que
le temps de vous dire adieu et de vous assurer de mon amitié.

## LETTRE XIX.

### ÉMILIE A CAROLINE.

Ma chère Caroline,

Paris n'est assurément pas un champ propre à étudier l'histoire naturelle des animaux, et je pensais bien qu'au sein du fracas
qui nous assiége, j'aurais peu d'observations
à faire sur les êtres bruts de la création.
Mais quand on a l'esprit frappé d'un sujet,

on s'aperçoit bientôt qu'il n'est pas de lieu, tel aride qu'il soit, qui ne puisse encore fournir quelques faits curieux et dignes d'être médités.

Il y a peu de jours, nous fûmes invités chez mon oncle à faire partie d'une nombreuse société, où, par une attention qui nous plut beaucoup, on dispensa la jeunesse de prendre part à ce maudit écarté qui m'ennuie au dernier point. Parmi les jeunes gens qui se trouvaient avec nous, il y en eut un qui nous raconta un fait curieux, touchant un mendiant aveugle qui sollicite la charité publique, accompagné d'un chien qui est pour lui un ami bien précieux. D'abord il lui sert de guide, et le conduit avec adresse de rue en rue, ce qui se voit fréquemment parmi les chiens de ce métier; mais il est encore d'une adresse extraordinaire pour découvrir et enlever les petites pièces de monnaie qu'on lui jette, et pour les déposer dans la main de l'aveugle. En telle quantité qu'on les lui jette, quelques difficultés qu'il ait à surmonter pour s'en emparer, difficultés que les passans font naître pour s'amuser de sa sagacité, il n'en oublie aucune, et parvient toujours, d'une manière ou d'autre, à les enlever et les donner à son maître.

Ce récit ayant amusé la société, d'autres personnes s'empressèrent d'en faire quelques uns, dont plusieurs sont assez intéressans pour mériter que je vous les répète.

« Un chien énorme, qui appartenait à un fermier nommé Robert, près de Rennes, était accusé par la voix publique de tuer chaque nuit plusieurs moutons aux bergers des environs. On fit des plaintes à son maître, qui justifia son chien, en soutenant que tous les soirs il était muselé, et qu'il lui était impossible d'attaquer les moutons. Cependant les voisins persistèrent dans leurs accusations; on surveilla le chien, et un soir on le vit se débarrasser adroitement de sa muselière, se diriger vers le parc aux moutons, en égorger un et le dévorer en grande partie. Cette expédition faite, il se rendit à la rivière, plongea sa tête dans l'eau, puis revint au logis, où il remit sa muselière, et se coucha pour attendre paisiblement le jour. » Voilà assurément un chien qui avait la conscience de la mauvaise action qu'il faisait, mais qui préférait satisfaire son appétit par des larcins secrets.

C'est à peu près au même motif qu'il faut attribuer l'action d'un cheval qu'on fit souvent surveiller, et qui, dégageant sa tête de la longe qui le retenait à l'écurie, sortait au milieu de la nuit et se rendait dans un champ assez éloigné de la maison, où il se régalait à loisir d'avoine ou de blé. Il revenait ensuite sans bruit avant l'aube du jour, et se couchait tranquillement.

Une jeune dame nous dit que l'histoire de ce cheval ne l'étonnait pas beaucoup, puisqu'elle avait appris de sa mère, personne d'ailleurs tout-à-fait digne de foi, un exemple d'industrie qui était au moins aussi surprenant, et dont le personnage était un chat. Cet animal vivait dans une famille qui, plusieurs fois, avait conçu quelque alarme de trouver ouverte, le matin, une porte qu'on fermait tous les soirs ; on finit cependant un jour par apercevoir le chat qui, s'élevant sur un meuble à la hauteur du loquet, le soulevait avec sa patte, puis le tirait à lui jusqu'à ce

que la porte présentât une ouverture suffisante pour lui livrer passage.

Ceci me paraît encore moins curieux que
ces chardonnerets qu'on exerce à soulever,
au moyen d'un fil et d'une poulie, un petit
seau qui contient de l'eau, ou un panier
rempli de graine. La faim sans doute est un
puissant stimulant, mais un pareil acte dénote néanmoins beaucoup d'intelligence, et
ne peut être que le fruit de l'éducation. Cette
observation que je hasardai devant la société,
rappela à la mémoire d'un avocat qui se trouvait près de moi, l'histoire d'un cochon qui,
chez un propriétaire riche de son département, avait été élevé par son garde-chasse
au milieu des chiens du chenil, et qui avec
eux avait appris à chasser, et s'en acquittait
comme le meilleur chien couchant. Il cita
encore un blaireau qui appartenait à un seigneur, et qui chassait avec une incroyable
sagacité; et des loutres à qui l'on apprend à
poursuivre le poisson et à le rapporter à
leur maître.

Une personne répéta aussi l'anecdote touchante que l'on a vue depuis peu dans les

feuilles publiques, et qui est arrivée près d'Amboy en Amérique, dans le Jersey. Un enfant avait coutume, dès qu'il avait reçu son déjeûner, de se rendre près du tronc d'un vieux arbre, dans la cavité duquel un énorme serpent avait choisi son domicile. On observa une fois l'enfant, et on s'aperçut qu'il donnait au reptile une partie de son déjeûner, et qu'après avoir pris pour lui-même trois ou quatre cuillerées de son lait ou de son potage, il en donnait une au serpent. Il paraît que cet animal, innocent tant qu'on ne le provoque pas, reposait sa tête sur le genou de son bienfaiteur, le regardait, et semblait compter les cuillerées qu'il portait à sa bouche, et que quand il ne recevait pas à son tour sa ration, il avançait sa tête hardiment pour s'en emparer; cette hardiesse était aussitôt réprimée par un léger coup de la cuiller que l'enfant lui appliquait sur la tête, comme une espèce de correction. Les parens de cet enfant conçurent les plus vives alarmes de cette singulière amitié, et dans le but de les faire cesser, ils engagèrent l'enfant à faire sortir de sa retraite son ami, qu'ils tuèrent sans pitié. Mais c'était aussi donner le coup de la mort à ce pauvre enfant, car quand il vit son cher compagnon étendu sans vie sur le sable, il en conçut une peine si vive, qu'il refusa toute nourriture, s'abandonna à un chagrin qui mina sa santé et le conduisit au tombeau.

Mon temps à Paris se passe ainsi plus agréablement que je ne croyais, et cependant il me tarde de retourner à la campagne. Mon père m'a promis que ce serait pour la semaine prochaine. J'y trouverai, j'espère, une lettre de vous, remplie, comme d'habitude, de détails charmans. C'est un bonheur qu'attend avec impatience votre Émilie.

# LETTRE XX.

### CAROLINE A ÉMILIE.

Mon Émilie ,

Sur le bord de la mer, et à l'extrémité d'un promontoire non loin de Vannes, se trouve une ferme placée sur des rochers à pic, et qui de là domine la mer et tous les rivages des environs. C'est sur la pointe d'un de ces rochers, dans un lieu inaccessible et entouré de précipices, que deux aigles établissent annuellement leur nid et élèvent leurs aiglons. Je ne pense pas qu'ils soient fréquemment troublés par les hommes dans cette occupation. Dès que les jeunes aigles ont acquis assez de force, ils disparaissent du pays, et laissent le père et la mère maîtres paisibles de leur empire. Il serait assez difficile de dire vers quel pays émigrent les jeunes aigles, mais il est certain que si un des vieux est tué, un autre vieux aigle paraît à sa place, de façon qu'on ne remarque jamais un aigle solitaire, ni plus de deux aigles adultes. Ce qu'il y a de singulier, c'est que malgré l'immense quantité de moutons qu'on nourrit dans les environs du rocher, jamais ces oiseaux ne les inquiètent ou ne cherchent à les enlever; ils vont au loin répandre la terreur par leurs déprédations. Il est assez difficile de se rendre compte de cette singulière combinaison, mais elle résulte probablement de quelque motif raisonné de la part de ces puissans oiseaux.

Il y a bien long-temps qu'un paysan des environs parvint à s'emparer d'un de ces aigles, et le vendit à un riche propriétaire, qui lui mit une chaîne au pied, et le conserva pendant de longues années. Souvent, par la négligence des domestiques, cet animal était exposé à jeûner et à être affamé. Lorsqu'on lui donnait régulièrement sa pitance, il mangeait librement, sans être inquiété par la présence des spectateurs; s'il avait été long-temps privé de nourriture, il saisissait sa proie entre ses serres, mais n'y goûtait en aucune façon tant qu'il y avait quelqu'un

présent devant lui. C'était sans doute dans
la crainte qu'on ne cherchât à lui soustraire
cette proie, dont il appréciait si bien alors
toute l'importance, et il se tenait sur
la défensive pour repousser toute attaque
qui aurait eu pour but de la lui arracher;
ce qui prouve un degré de réflexion et de
patience qui n'est pas commun chez les animaux.

Je viens de lire dans un ouvrage d'histoire naturelle très répandu, que les merles
établissent leurs nids assez bas, dans les
broussailles ou sur les arbrisseaux de peu
de hauteur. L'un d'eux, qui avait vu deux
fois son nid devenir, par suite de cette position, la proie des chats, le plaça la troisième fois au sommet d'un arbre élevé où il
le croyait à l'abri des attaques de l'ennemi.
N'est-ce pas là un effet de l'expérience et
de la réflexion? C'est l'instinct qui enseigne
à tous les petits oiseaux des bocages à construire leur nid avec de la mousse et du duvet, aux hirondelles et aux martins à ma-
çonner les leurs en terre et en argile, et à
l'alouette à préparer le sien avec des fétus

du chaume, au milieu duquel elle habite.
Mais si je voyais un de ces oiseaux changer
la forme, la situation ou les matériaux de
son nid pour s'accommoder aux circonstances, je l'attribuerais à une intelligence supérieure, qui sait se plier aux circonstances, et
tirer des conséquences des positions différentes où elle se trouve placée.

Vous voyez, ma chère Émilie, que je m'é-
gare quelquefois. Pour ne pas vous causer
de l'ennui, je terminerai ici ma lettre par un
adieu sincère et affectueux.

---

## LETTRE XXI.

### ÉMILIE A CAROLINE.

Aimable Caroline,

Un de mes amusemens favoris est, comme
vous savez, de monter un petit cheval blanc
que mon père m'a donné, et qui est bien la
créature la plus douce que j'aie vue de ma
vie. Depuis deux ans que mon père m'en a

fait cadeau, je l'aime beaucoup, mais je l'aimerai encore davantage, depuis qu'il a prouvé qu'il avait un cœur sensible à l'amitié, et, qui plus est, qu'il ne recule pas à l'heure du danger, quand il s'agit de la défense de ses amis. Mon cheval a une prédilection particulière pour un petit chien qui couche dans la même écurie que lui, et qui le suit toutes les fois que je le monte, ou que le domestique le conduit quelque part. L'autre jour le bidet était couché dans son écurie avec son petit compagnon, lorsque tout à coup apparut un dogue qui se jeta brutalement sur la pauvre petite créature; à peine le cheval eut-il aperçu cette attaque, qu'il se releva, se cabra, et avec ses pieds de devant brisa avec tant de force les reins du dogue, qu'il le contraignit de lâcher prise et de fuir honteusement, sans être tenté de renouveler l'attaque. J'ai réfléchi long-temps sur ce fait, et il m'a paru un témoignage précieux de l'instinct et des bonnes qualités du cheval. J'ai conté hier mon histoire pendant le dîner, et un ami de mon père qui était près de moi, me dit, après m'avoir écoutée avec attention, que c'était assurément un exemple curieux de sagacité et d'affection, et que généralement il trouvait toujours fort extraordinaire l'amitié ou même la concorde qu'on voit régner quelquefois entre des animaux d'espèces différentes, qui semblent, par leurs mœurs, n'avoir aucun penchant sympathique les uns pour les autres. Je pense, ajouta-t-il, que ces liaisons amicales n'ont lieu que dans l'état de domesticité ; mais, dans tous les cas, les exemples en sont si nombreux, que l'on ne peut les révoquer en doute. J'ai lu quelque part qu'un petit cochon d'Inde était devenu ami si intime avec un chat et un chien, qu'il venait régulièrement en hiver partager avec eux le coin de la cheminée, où il se livrait à une foule de petites familiarités et d'agaceries que ceux-ci recevaient fort bien. Nous avons un exemple authentique d'un chat qui vivait en très bonne intelligence avec des colombes, des alouettes et des rouges-gorges, qui voltigeaient près de lui, sans que le chat ait jamais tenté de leur faire le moindre mal ; la colombe se posait même sur son dos, et les autres petits oiseaux lui disputaient souvent de menus débris ou quelque léger insecte qu'il avait surpris.

Beaucoup d'animaux ont même porté plus loin qu'une simple société ces dispositions bienveillantes, et vous avez dû fréquemment entendre citer des exemples de jeunes animaux nourris et protégés par des femelles d'une espèce différente, même quoiqu'il existât entre leurs espèces une antipathie héréditaire. Une personne respectable m'a assuré qu'elle avait vu un jeune chat teter un lièvre qui lui témoignait toute son affection par des marques non équivoques d'attachement. D'un autre côté, on rapporte qu'un lièvre femelle qui venait de mettre bas, ayant été tuée, les petits furent pris, et une chatte à qui on avait enlevé les siens, les emporta dans le but, croyait-on, de les dévorer, mais réellement, ainsi qu'on s'en aperçut par la suite, pour les allaiter et leur donner ses soins comme à ses petits chats.

Un jeune chien qu'on avait retiré d'un étang où il se noyait, fut adopté par une chatte qui le lécha, le réchauffa, lui offrit de la nourriture, et montra pour lui une sollicitude vraiment maternelle. On a vu long-temps à Londres un jeune lionceau qui avait été élevé par une chienne qui, malgré l'infériorité de ses forces, avait conservé sur lui une grande autorité.

Les chats sont, dit-on, fort disposés à adopter la progéniture des autres animaux; mais l'exemple le plus extraordinaire dont j'aie encore entendu faire mention, m'a été transmis par une dame dans la maison de laquelle le fait était arrivé. Sa chatte allaitait quatre petits qu'elle avait eus depuis peu de temps. Cette jeune postérité reposait dans un panier qu'on lui avait préparé dans le cellier. Dans le but de plaire à ses enfans, cette dame descendit dans le cellier pour leur montrer les petits chats; et en regardant attentivement dans le panier, elle vit un cinquième petit, qui n'était autre qu'un jeune rat, qu'elle fit retirer du panier; mais la mère le reprit aussitôt, le lécha, et l'éleva comme ses autres enfans.

Un de nos voisins de campagne, grand amateur de la pêche, vient d'arriver à Paris;

il a apporté à mon père de forts beaux produits de sa pêche, et entre autres une anguille d'une grande dimension. Mon père l'a invité à venir en prendre sa part, et pendant le dîner, il nous a donné plusieurs détails sur l'anguille, qui peut-être auront de l'intérêt pour vous.

« La chair de l'anguille, disait notre pêcheur, est savoureuse, mais indigeste. On trouve des individus de ce genre, depuis quelques pouces de longueur jusqu'à trois, quatre et même six pieds. Ce sont alors des espèces de monstres hideux à voir, dont les mouvemens tortueux rappellent ceux des serpens. Leurs couleurs sont tristes ; un brun noirâtre, tirant quelquefois sur le fauve, s'étend sur le dos, et les parties inférieures du corps sont plutôt plombées qu'argentées. La muscosité dont se couvre la peau est vraiment dégoûtante. Les mœurs de l'anguille sont d'ailleurs analogues à sa forme suspecte. Nageant avec autant de facilité en arrière qu'en avant, le plus souvent rampant au fond des mares, sur la vase qu'elle sillonne ; nocturne, sauvage, vorace, elle se vautre

dans la boue qui semble être son élément,
afin d'y passer la saison froide ou pour y
surprendre sa proie. Cet animal se trouve
dans les eaux vaseuses mais pures de tout
l'univers. Le Gange en fournit ; à l'Ile-de-
France, elles deviennent énormes ; le Volga
en est tout rempli ; les lacs de la Prusse passent pour fournir les plus grosses ; nos mares
en sont abondamment peuplées, et celles
d'Angleterre pèsent fréquemment dix-huit à
vingt livres. Les anguilles ont la vie dure, et
peuvent nager encore quelques instans après
qu'on les a écorchées ; on les trouve parfois
à de grandes distances des eaux , dans les
prairies humides de rosée, rampant à la manière des couleuvres, à travers l'herbe, pour
passer d'un étang à un autre. On les voit
souvent remonter certains ruisseaux ou rivières en troupes innombrables. Elles descendent rarement à la mer, et cependant
elles ne craignent pas l'eau salée ; on en
trouve même dans les fosses des marais sa-
lans du midi de la France. Pour peu qu'on
creuse un puits ou un trou dans les landes
de Bordeaux, et qu'il s'y rassemble quelques

pintes d'eau, les anguilles ne tardent pas à s'y montrer; elles s'enfoncent dans le sol humide, si cette eau vient à s'évaporer, pour reparaître dès que l'eau revient. Les anguilles déposent leurs petits tout vivans; elles peuvent en produire plusieurs fois par an, et leur vie atteint, dit-on, un siècle. Leur multiplication est extraordinaire, et on les verrait remplir les eaux si les brochets, les loutres, les hérons, les cigognes, n'en détruisaient une immense quantité. A leur tour, les anguilles détruisent beaucoup de poissons; elles vivent, dans leur jeunesse, de vers et de petits insectes aquatiques; puis elles attaquent les petits poissons et les grenouilles; enfin elles finissent par se jeter sur les carpes et même sur les canards, que, par un instinct bien singulier, elles saisissent par les pattes quand ils nagent, et qu'elles noient pour s'en repaître ensuite sous les eaux. »

Votre exemple et celui de l'aimable Cécile ont fait naître en moi un goût bien vif pour la campagne. Il me tarde de retourner vers ces lieux tranquilles, où je pourrai à loisir satisfaire ma curiosité et recueillir quelques sublimes leçons en observant la nature. Toute la création est un témoignage vivant de la sagesse et de la bonté du Créateur.

J'entends sonner dix heures, c'est l'heure à laquelle je me livre au repos; recevez donc les complimens sincères de votre amie.

---

## LETTRE XXII.

### CAROLINE A ÉMILIE.

Oui, ma chère Émilie, la nature est un livre immense dont chaque page nous ravit d'admiration quand nous savons le déchiffrer. L'homme ignorant ou stupide en méprise les beautés et les admirables harmonies, mais celui qui sait en jouir, sent son âme doucement s'élever vers une sphère supérieure, et se dégager des liens grossiers du monde matériel.

Puisque vous m'avez parlé des anguilles, je puis bien vous dire un mot sur la murène, qui vit dans les eaux salées, et sur le congre ou anguille de mer. Ce sont des observations que M. Maurice a recueillies sur nos côtes, et qu'il nous a communiquées à la lecture de votre lettre.

La murène, sorte d'anguille qui habite la mer ou les eaux saumâtres, est un poisson rusé, carnassier et vorace. Son corps tout diapré de vert et de noir, ses formes allongées, inspirent un certain effroi. Ses mœurs sont celles de l'anguille, et on peut, comme elle, la nourrir dans des viviers, pourvu qu'on lui ménage des retraites sombres pour qu'elle puisse se soustraire aux ardeurs du soleil. Les anciens Romains en élevaient beaucoup pour en couvrir leurs tables, et on prétend qu'ils leur donnaient quelquefois des esclaves à dévorer. Ces poissons seraient cependant susceptibles d'une sorte d'éducation, puisqu'on rapporte que les murènes que faisait élever Licinius-Crassus, accouraient à sa voix, et s'élançaient pour recevoir ce qu'il leur présentait.

Quant au congre ou anguille de mer, il n'est pas rare d'en trouver sur nos côtes, de six pieds de long et de huit pouces de diamètre. L'aspect de ces monstres semble d'autant plus effrayant, que leurs yeux sont énormes. On dit en avoir vu de douze et même de dix huit pieds. Leur agilité égale leur audace; ils attaquent les plus gros poissons, et dévorent jusqu'à leurs pareils. Ils mangent, disent les pêcheurs, la chair de l'homme avec prédilection. Le congre, au reste, a la vie très dure, il se défend contre le pêcheur; s'il mord un objet quelconque, et que d'un autre côté il se cramponne par la queue, il se laisse plutôt arracher la mâchoire que de lâcher prise.

La mer me fournit encore l'occasion de vous faire connaître quelques détails intéressans sur les oiseaux qui en habitent les plages, ou sur ceux qui planent au-dessus de ses eaux. Dernièrement M. Maurice nous a montré à une grande hauteur un de ces oiseaux qu'il appelle frégate. « L'étonnante diversité, disait-il, que la nature a répandue sur l'organisation des êtres, produit les oppositions contraires que l'on observe dans leur mode d'existence; elle semble avoir condamné les uns au repos, tandis que d'autres ont été assujettis à un mouvement pour ainsi dire

continuel. Au premier rang de ces derniers
doivent être placées les frégates ; leur enver-
gure extraordinaire peut les soutenir dans
les airs pendant des journées entières, sans
même que la nuit soit un obstacle à leur
vol errant ; elles y paraissent quelquefois
comme suspendues et immobiles ; d'autres
fois, aussi rapides que le boulet lancé par
la poudre, elles s'élancent, et mettent à parcourir des distances énormes, un temps qui
suffit à peine à l'œil pour suivre leur vélocité. Cherchant constamment à satisfaire un
appétit des plus voraces, les frégates dirigent souvent leur vol à la surface de l'eau,
dont néanmoins l'instinct leur indique qu'elles ne peuvent approcher, à cause de la longueur de leurs ailes ; mais elles savent suppléer à cet inconvénient par une méthode
fort ingénieuse : dès qu'elles sont à une petite distance de l'eau, elles ont soin de re-
porter leurs longues ailes au-dessus de leur
dos, et de les y tenir relevées jusqu'à ce que,
par suite de l'impulsion que le vol a imprimé
à leur corps, elles soient parvenues à raser
sa surface et à saisir avec leurs becs ou avec

leurs serres aiguës les poissons qui se jouaient avec sécurité à cette surface. Les frégates ont bien les pieds conformés comme les oies, les canards et tous les oiseaux nageurs, mais elles n'ont jamais en pleine mer l'imprudence de se reposer sur les flots; l'expérience ou le raisonnement leur a enseigné qu'elles seraient forcées d'y rester jusqu'à ce qu'elles eussent trouvé un endroit assez élevé, où déployant leurs immenses ailes, elles pussent acquérir, par un battement précipité, la force nécessaire pour élever leur corps dans les airs. On les voit quelquefois se reposer sur les cimes des rochers qui s'élèvent au sein des mers, et y construire souvent un nid, où elles déposent un seul œuf blanc parsemé de points rouges.

Les cormorans sont de gros oiseaux, grands consommateurs de poissons, de ceux de rivière surtout, qu'ils poursuivent avec une rapidité extraordinaire. Voici la manœuvre que leur industrie leur suggère pour attraper le poisson. Dès que le cormoran a aperçu la proie qui nage paisiblement au sein des eaux, il s'avance lentement, puis plonge en un clin d'œil et saisit sa victime avec un de ses pieds, dont les doigts sont réunis par une membrane, mais dont les ongles sont dentés en scie ; il la ramène à la surface, en s'aidant de l'autre pied ; là, par une manœuvre agile, le poisson, lancé en l'air, retombant la tête la première, est reçu sans résistance de la part des nageoires dans le gosier très dilatable de l'oiseau. Si ce dernier manque d'adresse, ce qui arrive rarement, le poisson n'a pas pour cela échappé à la voracité de son terrible adversaire, il est de nouveau saisi et lancé jusqu'à ce qu'il retombe d'une manière convenable. Dans plusieurs pays, on a réussi à utiliser les cormorans, et on les a amenés à rendre au pêcheur les mêmes services que les chasseurs obtiennent des faucons qu'ils ont dressés. Cette pêche, très usitée autrefois en Angleterre, l'est encore beaucoup en Asie : le cormoran domestique portant au cou un anneau assez juste, se tient debout sur l'extrémité de la nacelle que dirige son maître ; dès qu'il aperçoit un poisson, il plonge et le rapporte à bord avec fidélité.

Les fous habitent toutes les rives escarpées des mers du Nord, et sont susceptibles de parcourir d'énormes distances; c'est sur les plateaux arides des rochers qu'ils établissent ordinairement leurs nids. La brièveté des jambes rend les fous peu propres à la marche, exercice auquel ils ne se livrent qu'avec difficulté. De la pointe d'un rocher très élevé, et même du haut des airs, ils distinguent aisément le poisson qui vient imprudemment nager à la surface de l'eau; aussitôt ils s'élancent, paraissent se laisser tomber perpendiculairement, et enlèvent l'imprudent sans presque toucher aux eaux qu'il habite; quoique d'un volume plus grand que le diamètre apparent de son cou, le poisson est aussitôt introduit dans l'estomac par une prodigieuse dilatation de la peau de ce cou. Sans aucun doute, ces oiseaux font preuve d'un instinct perfectionné, lorsqu'on voit avec quelle adresse ils surprennent et enlèvent le poisson; cependant ils ne jouissent pas toujours en paix du fruit de leur industrie, car si par hasard une frégate, du haut des airs, s'est aperçue de l'heureuse pêche d'un fou, elle descend avec rapidité, lui enlève sa proie, ou s'il l'a déjà engloutie, le frappe de son bec à coups redoublés, jusqu'à ce qu'il la vomisse; aussitôt la frégate s'élance, rattrape le poisson avant qu'il ait eu le temps d'atteindre la mer, et le dévore à son tour. Au moyen de cet abus de la force, elle s'épargne la pénible manœuvre qu'elle emploie pour la pêche, et que nous avons décrite ci-dessus.

En vérité, ma chère Émilie, je crains que ces détails ne vous plaisent pas, et je n'ai peut-être pas réussi à vous les rappeler avec l'éloquence qu'emploie M. Maurice, toutes les fois qu'il parle des merveilles de la nature. Mais en vous les retraçant, c'était une excellente occasion de me rappeler l'amitié que vous avez pour moi, et vous pouvez compter que c'est une source inépuisable de jouissances pour le cœur de votre amie.

# LETTRE XXIII.

### ÉMILIE A CAROLINE.

Chère Caroline,

Vous craignez que les détails que vous m'adressez ne me plaisent pas, et vous pensez que vous n'avez pas réussi à rappeler les éloquentes descriptions de M. Maurice. Détrompez-vous, ma bonne amie, votre lettre a été pour moi une source de plaisir et d'agrément, et je crois qu'il serait difficile de s'exprimer d'une manière à la fois plus agréable et plus heureuse. Voici une anecdote que j'ai apprise hier; elle m'a paru intéressante, et je m'empresse de vous la faire connaître.

Un jeune enfant de deux ans environ, fils d'un bûcheron, avait coutume de suivre son père lorsqu'il allait à l'ouvrage. Un jour, pendant que le père était livré à une occu-

pation qui absorbait toute son attention,
l'enfant s'éloigna insensiblement, grimpa sur
un petit rocher à peu de distance; là, fatigué de sa marche pénible, il s'arrête, s'as-
sied sur le gazon, et ne tarde pas à s'endormir. Cependant le père s'aperçut bientôt que
son fils s'était égaré: il l'appela d'abord à
haute voix; puis voyant qu'il ne répondait
pas, se mit à parcourir la forêt qu'il faisait
retentir de ses cris. Toutes ses recherches
furent vaines, et ce malheureux père fut
obligé de retourner à sa chaumière sans ramener à sa mère son enfant chéri. Leur désespoir fut grand; mais, sans se décourager,
ils recommencèrent à parcourir la forêt.
Cette seconde recherche n'eut pas plus de
succès que la première. Depuis plusieurs
jours ils avaient perdu l'espérance de retrouver leur enfant, et cédaient déjà à une affreuse nécessité, lorsqu'ils observèrent que
leur chien, à qui on avait donné sa pitance,
sortait aussitôt de la chaumière, et s'éloignait
en portant soigneusement sa nourriture dans
sa gueule. Le chien répéta la même action le
lendemain, puis les jours suivans, et cette

persévérance éveilla bientôt l'attention des pauvres parens. Ils conçurent l'espoir que cet animal avait peut-être découvert la re-traite de leur cher enfant, et se déterminè-rent à le suivre dans ses courses. Cet espoir ne fut pas trompé, et en se dirigeant sur les traces de l'animal, ils aperçurent bientôt de loin leur enfant assis sur le gazon. Pendant le temps qu'ils s'approchèrent de lui, le chien lui avait déjà remis la pitance qu'il portait dans sa gueule, et plusieurs jours de suite avait, de la même manière, pourvu à la nourriture de son jeune maître.

Quel bon chien ! quel admirable instinct ! où trouvera-t-on des dispositions plus ingé-nieuses à faire le bien ! voilà véritablement des qualités qui nous rendent souvent ces animaux si précieux et si chers. Mais ces dis-positions à la bonté et à la reconnaissance ne sont pas les seules qualités du chien, et vous connaissez encore avec quel courage il dé-fend et venge son maître. Vous m'en avez déjà cité des exemples, mais je ne puis ré-sister au désir de vous rappeler l'histoire du chien d'Aubry de Montdidier ; jamais je n'y pense sans qu'une vive émotion agite mon cœur.

Aubry de Montdidier, jeune homme d'une famille riche et distinguée, fut attaqué par des assassins dans la forêt de Bondi, impitoyablement massacré, puis enterré au pied d'un arbre. Son chien, dogue de forte race, qui probablement avait défendu sans succès son maître, resta pendant plusieurs jours sur son tombeau; enfin, pressé par le besoin, il se rendit à Paris, chez un des amis intimes d'Aubry, et par ses hurlemens lugubres, lui annonça la perte qu'il avait faite. Après avoir pris un peu de nourriture, il recommença ses cris, s'élança vers la porte en regardant si on le suivait, retourna vers l'ami, le tira par sa manche, le sollicita de la manière la plus éloquente, le pressant toujours pour qu'il suivît ses pas. La conduite singulière de cet animal, son arrivée au domicile de son ami sans être suivi de son maître dont il était toujours le compagnon fidèle, ses hurlemens sinistres, éveillèrent des soupçons et engagèrent plusieurs personnes à marcher sur les traces de ce chien.

Il les conduisit dans la forêt, au pied d'un arbre, et là il gratta la terre avec ses pattes, comme pour les engager à faire des recherches. On creusa en effet la terre, et on trouva le corps de l'infortuné Aubry. Le chien revint à la ville, où il semblait plus calme depuis plusieurs jours, lorsque par hasard il rencontra l'assassin de son maître, que tous les historiens disent avoir été le chevalier Macaire ; il le saisit à la gorge, et ce ne fut qu'avec une extrême difficulté qu'on parvint à lui faire lâcher prise. Toutes les fois que le chien fidèle rencontrait son adversaire, il l'attaquait avec la même furie. Un pareil acte de violence sans cesse renouvelé contre le chevalier, de la part d'un chien d'une extrême douceur avec tout le monde, sembla bien extraordinaire, surtout à ceux qui se rappelaient et l'attachement du chien pour son maître, et les nombreux témoignages de haine et d'envie que le chevalier avait manifestés contre Aubry de Montdidier. D'autres circonstances vinrent encore concourir à nourrir des soupçons, et l'affaire parvint même aux oreilles du roi Louis VIII.

Ce prince désira voir le chien, qui fut d'une douceur parfaite jusqu'au moment où il aperçut le chevalier parmi un groupe de jeunes seigneurs, et où il s'élança sur lui et l'attaqua avec sa fureur ordinaire.

Dans ces temps grossiers, lorsqu'il n'existait pas de preuves matérielles d'un délit ou d'un crime, on ordonnait que l'accusé et l'accusateur combattraient en champ-clos, et que le vainqueur serait réputé avoir pour lui le bon droit. Ces combats s'appelaient les *jugemens de Dieu*, parce qu'on était persuadé que le ciel ferait plutôt un miracle que de laisser, avec infamie, périr un innocent. Le roi, frappé de toutes les circonstances qui s'élevaient contre le chevalier, ordonna donc que l'affaire serait vidée par un combat. Le champ-clos fut préparé dans l'île Notre-Dame, et le chevalier, armé d'un bâton, se disposa à soutenir l'attaque du chien, à qui on avait préparé un tonneau vide pour lui servir de retraite. Lorsque tout fut disposé, le chien qu'on lâcha dans l'arène, eut à peine aperçu son adversaire, qu'il s'avança sur lui, en évitant ses coups,

le harcelant de toutes les manières, et se retirant toujours dans son tonneau dès qu'il se
sentait pressé de trop près. Enfin, s'élançant
une fois de sa retraite, il le saisit à la gorge,
le renversa, et l'obligea de confesser son
crime en présence du roi et de toute la
cour. Le chevalier, convaincu ainsi du meur-
tre d'Aubry, fut, quelques jours après, dé-
capité sur le lieu même du combat.

En vérité, ma bonne amie, les chiens me
paraissent des animaux doués d'une rare
intelligence et d'excellentes qualités; je suis
déterminée à m'en procurer un, et à prendre
de mon favori un soin tout particulier. Ex-
cusez votre amie pour cet enfantillage; son
cœur brûle toujours pour vous de la plus
sincère amitié.

# LETTRE XXIV.

### CAROLINE A ÉMILIE.

Aimable et chère Émilie,

Je n'ai pu m'empêcher d'admirer l'héroïque vengeur de son maître, et le courage qu'il a montré contre son meurtrier. Ceci m'a rappelé un fait que mon oncle rapportait, et qui était arrivé dans ses propriétés à la campagne. Son fermier avait un chien de la race de ceux des bergers, qu'on appelait Muro. Ce chien s'était attaché à un des domestiques de la ferme, qu'il suivait partout dans les travaux champêtres. Muro, qui depuis long-temps habitait la ferme, et qui entrait librement à la cuisine, avait remarqué que peu d'instans avant que le dîner fût prêt, la cuisinière disposait tout pour recevoir les ouvriers, et ces dispositions étaient si bien connues de lui, qu'il savait le moment précis où le repas allait être servi. Lorsque les

ouvriers allaient au loin, il était assez difficile de leur annoncer l'heure du repas ; généralement ils se guidaient sur la longueur
des ombres pour connaître l'heure, mais
lorsqu'ils étaient incertains, l'un d'eux se
contentait de dire : « Muro, va voir si le
dîner est prêt. » Aussitôt Muro partait, et si
en entrant dans la cuisine il voyait tout disposé pour cela, il revenait en courant, bon-
dissait, et aboyait autour des ouvriers,
comme pour les inviter à se rendre à la
ferme ; dans le cas contraire, il revenait la
tête et les oreilles basses, la queue entre les
jambes, et, si on lui demandait des nouvelles
du dîner, il allait honteusement se cacher
derrière les gerbes. Les ouvriers compre-
naient parfaitement ce langage muet.

Dernièrement, en regardant en l'air, **M.**
Maurice nous fit remarquer une bande d'oiseaux qui volaient le cou tendu en avant et
les jambes roides en arrière. Leur long bec
à la suite d'un long cou, et leurs pattes grêles
et allongées leur donnaient, en volant, une
tournure fort singulière. M. Maurice, qui
nous a dit que c'étaient des cigognes, s'est

amusé à nous donner des détails sur ces animaux, ainsi que sur les grues.

Les cigognes sont des oiseaux de haut vol, susceptibles d'entreprendre des voyages de long cours; aussi les rencontre-t-on en grand nombre dans toutes les contrées où les reptiles abondent. Le besoin de cette nourriture les transporte, à deux époques de l'année, vers des lieux opposés; elles évitent ainsi la saison où les reptiles, frappés de léthargie et engourdis, se cachent dans de profondes retraites. C'est aussi cette nourriture et la grande consommation qu'elles en font, qui leur a valu chez tous les peuples non seulement une simple affection, mais une protection religieuse. Beaucoup de nations ont même sanctionné par l'usage ou par leurs lois l'accueil protecteur fait à des oiseaux auxquels elles sont redevables du service de purger leur sol de cette immense quantité de reptiles qui menacent de le couvrir entièrement par leur prodigieuse fécondité et par leur longévité. La bienveillance que l'on accorde généralement aux cigognes, jointe à la douceur naturelle de leur caractère, ont rendu ces oiseaux presque familiers; l'instinct qui les dirige dans leurs voyages les ramène périodiquement au gîte dont on leur a favorisé l'usurpation en le rendant plus commode. En Hollande surtout, on provoque l'établissement des cigognes en construisant à l'avance, en planches ou en en maçonnerie, des nids au-dessus des cheminées ou dans les parties élevées des édifices. Dans certaines villes, ainsi que dans les campagnes, on rencontre presque à chaque pas de ces nids spacieux, ou de temps immémorial des couples fidèles viennent à chaque printemps élever une nouvelle famille. La femelle couve ses œufs avec une constance à toute épreuve, et selon les chroniques du temps, on a vu, lors de l'incendie de la ville de Delft, un de ces oiseaux se laisser dévorer par les flammes plutôt que d'abandonner le nid où reposait sa famille nouvellement éclose. A cette constance il faut ajouter les soins infinis pour l'éducation des petits. Jusqu'à ce qu'ils puissent faire usage de leurs ailes, jamais ils n'échappent à l'œil attentif des parens; et tandis que l'un de ces der-

niers est à la recherche de la nourriture,
l'autre, aux aguets, veille pour écarter tout
danger, et opposer une résistance vigou-
reuse aux attaques des oiseaux de proie.
Sont-ils prêts à sortir du nid, le père et la
mère semblent unir leurs efforts pour les
aider, les soutenir même, et l'inquiétude
des parens ne cesse que lorsqu'ils ont vu
leur progéniture s'essayer d'un vol assuré.
La famille continue à vivre en communauté
jusqu'au départ; il paraît qu'à cette époque
les cigognes vont chercher des climats plus
tempérés, puisqu'on les retrouve en quantité innombrable sur les rives du Nil en
Égypte. Les cigognes ne font absolument
entendre aucun cri; le seul bruit qu'on con-
naisse provient du claquement vif et répété
des deux parties de leur long bec l'une
contre l'autre. La cigogne a toujours été
l'emblème de l'amour maternel.

De tous les oiseaux voyageurs, les grues
paraissent être ceux qui apportent le plus
de prévoyance dans leurs transports rapides
des pays froids aux pays tempérés, et dans
les retours périodiques vers les premiers,

que les dangers d'une disette leur **avait fait**
quitter. Elles n'entreprennent pas isolément
leurs voyages; elles se témoignent mutuellement et dans un rayon de plusieurs lieues,
l'intention de se mettre en route, et plusieurs jours avant le départ, elles s'appellent
par un cri particulier, se rassemblent vers
un point central, et l'instant favorable étant
arrivé, toutes les voyageuses prennent l'es-
sor et se rangent à la file sur deux lignes parallèles qui se réunissent angulairement vers
un sommet que forme le chef auquel la
troupe semble s'être engagée d'obéir. Ce chef
est chargé de veiller à la sûreté commune,
de prévenir ou d'éviter l'attaque à l'improviste des aigles, de faire resserrer circulaire-
ment, dans le cas de tempête, les deux lignes parallèles, afin de résister plus effica-
cement aux tourbillons, et d'éviter la disper-
sion; enfin de ne pas trop s'éloigner des côtes, et d'indiquer à la troupe, après les fa-
tigues du vol, un lieu sûr qui pût offrir
abondamment aux besoins de tous. Les fonctions du chef ne sont que momentanées, et
leur durée proportionnée à ses forces et à

ses moyens, puisqu'on observe que lorsqu'il est fatigué il cède sa place à celui qui le suit, et va modestement prendre le dernier rang à l'extrémité de la file. Les voyages s'exécutent pendant la nuit, et c'est encore, assure-t-on, par un excès de prévoyance de la part de ces oiseaux, auxquels le Créateur n'a pas donné d'armes assez fortes pour opposer de la résistance à toutes les attaques que leur attire leur grande stature. Pendant la nuit, leurs courses sont assez bruyantes; la voix éclatante qu'ils font entendre est l'indication de la marche de la part du chef, et la réponse des autres est pour lui l'assurance que chacun conserve son poste. L'instinct singulier qui porte les grues à cette sorte de discipline, est certainement un des faits les plus curieux de l'histoire naturelle.

Chaque jour ce sont de ces faits intéressans et nouveaux que M. Maurice nous fait connaître, et je suis devenue tellement avide de sa conversation, que je crois que je passerais des journées entières à l'écouter sans penser à prendre ma nourriture. Malgré l'empressement que je mets à étudier l'histoire naturelle, je n'oublie pas les droits que vous avez à mon amitié, et je vous prie d'en agréer encore une fois l'assurance de la bouche même de votre amie.

# LETTRE XXV.

### ÉMILIE A CAROLINE.

Ma Caroline,

Votre excellent M. Maurice est vraiment pour moi un oracle; sa conversation est si instructive, ses connaissances sont si variées et si profondes, que je ne pense pas qu'on puisse s'ennuyer un seul instant avec un pareil ami. Tout ce que vous voulez bien me transmettre de ses conversations enflamme mon imagination; je ne rêve plus qu'histoire naturelle, et je ne vois plus un seul animal sans chercher à deviner jusqu'aux moindres détails de son instinct, ou les harmonies qui l'unissent à la chaîne générale des êtres vivans.

Je vous ai déjà parlé du cousin de madame de Saint-Amand, de M. David qui revient des Indes orientales, où il a fait un assez long séjour. Je prends beaucoup de goût à la description qu'il nous fait souvent des mœurs et des coutumes des habitans de cet autre monde, et la variété des faits qu'il rapporte nous rend fréquemment sa présence fort agréable. Voici ce qu'il nous contait hier au soir.

« Les éléphans, dit-il, sont des animaux qui suivent constamment les camps des Mahrattes, peuple républicain et guerrier, de l'intérieur de l'Inde. Là, on leur prodigue toute espèce de soin, et on les nourrit, malgré la disette, avec les alimens les plus choisis, surtout quand ils ont fait un service un peu rude. Indépendamment de leurs alimens ordinaires, qui consistent en végétaux, on leur donne fréquemment de grosses boulettes, composées d'épiceries, de sucre, de beurre et d'autres ingrédiens très coûteux, surtout dans un camp indien, où tout est d'un prix excessif. A l'époque où je fus témoin de ce fait dans le camp de Rayobah, chef indien, qui luttait contre les Anglais, cette nourriture était devenue indispensable pour les éléphans, parce que les fourrages étaient très rares, tout le pays ayant été absolument ravagé par les Européens. Quoique ces sortes de disettes soient fréquentes dans toutes les expéditions guerrières qui se font dans l'Inde, cependant les éléphans du prince sont, autant que possible, approvisionnés de boulettes, et conservent toute leur vigueur et leur santé. Cependant on s'aperçut dans cette campagne que les éléphans dépérissaient, et qu'ils maigrissaient sans aucune cause apparente. On soupçonna leurs gardiens de soustraire les boulettes, précieux aliment qui entre aussi dans la préparation du pilau et autres ragoûts des Mogols, mais qui est d'un prix trop élevé pour les personnes du rang ou dans la condition des gardiens. Le maître des éléphans, qui, de même que le grand-écuyer en Europe, est toujours un personnage distingué, choisit alors des inspecteurs qu'il chargea de s'assurer par eux-mêmes si les éléphans recevaient régulièrement leur pitance. Ces animaux

reprirent alors leur force et leur em-
bonpoint pendant l'espace de quatre mois;
mais après cette époque, ils recommencèrent à décliner, au grand étonnement des
inspecteurs, qui assistaient régulièrement à
la distribution des boulettes, les voyaient dévorer par ces animaux, et qui prirent même
soin de s'assurer de leur bonne qualité. Enfin on découvrit la fraude, et cette découverte servit à prouver quelle influence extraordinaire les gardiens étaient parvenus à
obtenir sur ces dociles animaux. Ils leur
avaient appris, en présence de l'inspecteur,
à recevoir la boulette, à la porter à leur
bouche avec leur trompe, mais à s'abstenir
de l'avaler. Ces pauvres éléphans avaient
tant de retenue, qu'ils conservaient soigneusement ainsi une nourriture dont ils avaient
le plus grand besoin, et qu'ils aiment pas-
sionnément, pour la rendre, après le départ
des inspecteurs, à leurs gardiens, et en recevoir telle portion que ces derniers jugeaient
convenable de leur accorder.

« J'avais, ajouta-t-il, un éléphant que j'ai-
mais beaucoup; j'ai fait avec lui de très longs

voyages, et je m'étais attaché à lui par suite de sa douceur et de sa docilité. Au moindre signal de ma part, à la moindre parole, il obéissait aussitôt. Si en route je désirais voir plus à loisir un beau paysage, je n'avais qu'un mot à dire, mon éléphant devenait immobile, et un second mot suffisait pour le remettre en marche. Si je désirais me procurer quelque fruit des bananiers ou des arbres qui croissaient sur la route, à un signal convenu, il brisait les branches les plus chargées de fruit et me les présentait, et quand pour sa peine je lui en donnais une partie, il l'acceptait avec toutes les marques d'une profonde reconnaissance, et en faisant trois saluts avec sa trompe. Il accompagnait aussi souvent ces saluts d'une sorte de grognement qui lui servait à témoigner toute sa gratitude. Tout ce qui dans notre chemin pouvait interrompre notre marche ou blesser les personnes qui se trouvaient sur son dos, il l'écartait ou le brisait avec sa trompe, et je l'ai vu fréquemment faire ainsi éclater des branches de plusieurs pieds de circonférence. Cet intelligent animal avait l'habitude de me rendre visite tous les matins, en se tenant à la porte de ma tente, où il attendait avec patience que je lui donnasse quelques fruits ou un peu de sucre. Un chien n'est pas plus docile ni plus reconnaissant que n'était cet excellent animal, et c'était toujours avec plaisir que je recevais ses aimables et innocentes caresses.

« Ces animaux sont très estimés dans l'Orient, où ils servent en même temps à relever la pompe des marches d'un prince indien, et dans la paix ou la guerre, à une foule de services divers. Dans un camp, ils portent le trône, les palanquins du prince et de ses principaux officiers, et souvent on les voit marcher ainsi richement caparaçonnés. Parmi les princes et les personnages d'un rang élevé, un éléphant est un présent que l'on offre très souvent, et qu'on estime, surtout quand il est bien élevé, qu'il connaît son service et obéit au commandement comme un être raisonnable. Dans l'occasion, on peut leur faire faire plus de soixante-dix lieues en quarante-huit heures ; et pendant un temps plus considérable, ils supporteront régulièrement une marche de douze lieues par jour. Quelques uns des plus grands ont depuis dix jusqu'à douze pieds d'élévation. Les éléphans de guerre restent courageusement à leur poste, malgré une grêle de balles, et ne cèdent généralement que lorsqu'ils sont grièvement blessés. J'ai même vu un éléphant, avec plus de trente balles dans le corps, se rétablir parfaitement de ses blessures. Tous ne sont pas également dociles, et lorsqu'un éléphant se retourne pour fuir, rien ne peut alors résister à sa furie; son conducteur n'est plus maître de lui, et amis ou ennemis roulent pêle-mêle devant lui, et sont écrasés sous ses pieds pesans.

« La grandeur des défenses varie d'une espèce à l'autre. Les éléphans d'Asie en ont de petites, tandis que ceux d'Afrique sont armés de défenses de plusieurs pieds de longueur. Aucune femelle, dans l'Asie, ne porte de défenses, et dans les mâles, elles sont quelquefois très courtes, selon les espèces. Les plus grandes défenses de l'Asie viennent des pays situés entre l'Inde et la Chine; à la côte de Malabar, elles n'ont pas plus de

quatre pieds, tandis que celles de Mozam-
bique ont, suivant le voyageur Pennant,
plus de dix pieds de longueur. On trouve
dans beaucoup de pays, et surtout en Sibérie
et dans le nord de l'Amérique, et enfouis
dans la terre, les ossemens d'éléphans
d'une grandeur considérable. La plus grande
défense trouvée en Sibérie, et conservée
dans le Muséum de Pétersbourg, est tron-
quée aux deux bouts, et a huit pieds de
longueur. On peut, d'après une observation
très simple, conjecturer qu'elle avait origi-
nairement une longueur au moins double,
ce qui ne paraîtra pas extraordinaire, puisqu'une défense trouvée en Amérique par
M. Adams, a déjà quinze pieds de longueur. »

Tous ces détails ont pour moi un attrait
puissant, et vous voyez que le cousin de madame Saint-Amand est un homme qui a profité de ses voyages pour étudier l'histoire naturelle. Vous m'avez envoyé des notes si
intéressantes, que je ressens à mon tour un
vif plaisir en vous écrivant celles-ci, et en
vous assurant que vous n'avez pas d'amie
plus dévouée que votre Émilie.

## LETTRE XXVI.

CAROLINE A ÉMILIE.

Ma chère Émilie,

Je me proposais depuis plusieurs jours de vous écrire; si j'ai retardé, c'est que j'attendais le dénouement d'une aventure que je crois digne de votre attention. C'est une confirmation éclatante d'une agréable vérité que j'ai long-temps couvée dans mon cœur, sans oser m'en assurer par expérience. Je suis maintenant convaincue que les animaux, quoiqu'ils ne soient pas guidés par un sentiment raisonné de leurs devoirs et par les différens stimulans qui réchauffent, élèvent ou aiguillonnent l'ame de l'homme, ont cependant des vertus, et outre la docilité et quelques qualités sociales, sont encore doués d'un cœur qui aime à s'attacher, et qui est susceptible de reconnaissance.

Un fermier de notre voisinage possède un

taureau si fier et si sauvage, qu'il était contraint de le tenir continuellement à la chaîne,
excepté quand on le conduisait à l'eau ou
aux pâturages, où il était constamment con-
tenu et surveillé par deux garçons de ferme.
Cet animal nourrissait une antipathie toute
particulière contre le frère du fermier, qui
probablement l'avait irrité dans quelque occasion, sans se douter des suites dangereuses
que pouvait avoir son injustice. Quoi qu'il
en soit, le taureau ne voyait jamais approcher cet homme du hangar ouvert où on le
tenait attaché, sans mugir aussitôt de la manière la plus effroyable. Ses mugissemens
duraient tant que la personne qu'il détestait
se trouvait en sa présence, et en même temps
il s'agitait comme pour briser le lien qui le
retenait, frappait la muraille de ses cornes,
et faisait jaillir la poussière sous ses pieds.
Enfin sa haine était si vivement prononcée,
que plusieurs fois, pendant qu'on le conduisait à l'abreuvoir, il tenta d'échapper aux
personnes qui le retenaient, pour se ruer
sur son ennemi qu'il avait aperçu dans le
verger. C'est au moment où ce taureau était

ainsi animé des sentimens les plus hostiles contre le frère de son maître, qu'éclata une des tempêtes les plus furieuses dont on ait conservé la mémoire dans ce pays. Tout paraissait en feu, tant les éclairs se succédaient avec rapidité, et chacun de ces torrens de lumière était suivi d'un éclat épouvantable de tonnerre qui semblait ébranler et faire vibrer la terre. Au sein de cette horrible convulsion de la nature, le taureau poussait des mugissemens affreux ; l'aspect des éclairs, le roulement de la foudre et la pluie qui tombait par torrens, lui imprimaient une terreur qu'il exprimait par ses cris. Exposé d'ailleurs, dans un enclos ouvert, à toute la fureur des élémens, sa position commençait à n'être plus tenable. Le fermier, importuné par ses cris, et craignant qu'il ne lui arrivât quelque mal, proposa aux domestiques d'aller chercher le taureau et de le conduire dans la grange. Ce fut en vain, tous étaient tellement étourdis et effrayés par l'orage, qu'aucun d'eux ne se laissa toucher ni par les mugissemens du taureau, ni par les ordres de son maître, et

qu'ils persistèrent à ne pas aller au secours
de l'animal. Le frère du fermier, qui est un
jeune homme humain et généreux, s'en chargea enfin, et résolut d'affronter en même
temps et la colère du taureau, et la fureur
des élémens. Il se revêt en conséquence d'un
grand manteau, se rend dans la cour, approche du taureau qui était tout tremblant,
et qui avait presque brisé sa longe, le flatte,
dénoue sa chaîne, et le conduit sans difficultés à la grange, au milieu de cette scène
de désastre. La crainte avait amorti la férocité de l'animal, ou bien la reconnaissance
pour un service important avait fait place à
la haine qu'il portait à son ennemi.

Le lendemain matin le frère du fermier,
en passant dans le verger où le taureau
avait été replacé, s'aperçut que cet animal
ne l'accueillait pas avec ses mugissemens ordinaires. Il s'imagina qu'il pouvait bien se
rappeler avec reconnaissance le service qu'il
lui avait rendu la nuit précédente, et pour
vérifier le fait, il hasarda de l'approcher, et
vit, comme il l'avait prévu, que l'animal,
bien loin de montrer pour lui la moindre aver-

sion, lui permettait de le flatter, et semblait même prendre plaisir à ses caresses. Depuis ce jour, le taureau continue à être doux comme un agneau avec son ancien antagoniste; lui seul peut le faire obéir au geste et à la voix, tandis qu'il est toujours menaçant pour les autres personnes de la ferme.

Je pense qu'il serait difficile de trouver un exemple plus curieux d'un passage aussi complet de la haine à l'amitié. Ce ne fut assurément pas l'effet d'un caprice, mais quelque chose de semblable à un raisonnement qui porta l'animal à la reconnaissance envers son bienfaiteur. C'est toujours une bonne leçon pour nous; elle nous prouve que même les caractères les plus sauvages peuvent être subjugués par la douceur. Cependant c'est toujours avec rudesse et dureté qu'on traite les animaux; on espère ainsi briser leurs penchans ou changer leurs habitudes; mais une pareille méthode décèle plutôt l'inhumanité, l'ignorance, la stupidité ou un penchant immodéré vers la tyrannie. Ce genre d'éducation n'est que trop souvent mis en usage même avec les enfans, et il devrait faire rougir les parens honnêtes. Mais je me hâte de vous faire connaître un second exemple qui vous plaira peut-être davantage que le premier.

Dans le printemps de 1825, une jeune demoiselle qui avait vu un jeune enfant s'emparer d'un nid de linottes, et traiter les petits d'une manière cruelle, prit sous sa protection le seul de ces tendres oiseaux qui survivait encore à ses frères. Pendant plusieurs jours, elle le réchauffa dans son sein pour lui tenir lieu de l'aile de sa mère, lui prodigua une nourriture délicate, et au lieu de le mettre en cage, le laissa en liberté, perché toujours près d'elle ou près de son lit. Ces soins furent payés, de la part de l'oiseau, par un attachement des plus vifs pour sa charmante maîtresse qu'il ne quittait guère, excepté aux heures de ses repas et quand elle sortait au dehors. Dès qu'elle rentrait, il volait vers elle, dans un ravissement inexprimable, il chantait, il s'agitait et lui faisait mille innocentes caresses. Au bout de quelques mois, cette jeune demoiselle fut obligée de se rendre dans la capitale, et amena avec elle son cher favori; son amitié pour sa maîtresse ne se démentit pas; mais si elle sortait, ce qui lui arrivait fréquemment, l'oiseau, tristement perché sur un bâton, ne chantait plus, prenait à peine un peu de nourriture, et paraissait accablé par la mélancolie; mais aussitôt qu'il entendait sa voix et même le bruit de ses pas qu'il savait distinguer de ceux de tous les autres, alors les chants recommençaient, il volait vers elle, et la flattait avec son bec. Cependant, si son absence avait été trop longue, il boudait sur son bâton; il restait un moment en sa présence morne et silencieux, mais la moindre caresse de sa maîtresse chérie suffisait pour lui rendre tout son enjouement et sa gaîté. Après un séjour de plusieurs années, cette jeune demoiselle est retournée en province, où son favori l'a suivie. Ni la liberté dont il jouit, ni la permission qu'elle lui accorde de voler sur les arbres du jardin, n'ont pu le déterminer à quitter sa maîtresse. Cet aimable oiseau, qui vit encore, avait par fois des antipathies singulières. Quoiqu'il fût d'une gaîté charmante, même avec les étran-

gers, certaines personnes, cependant, n'é-
taient pas de son goût, et il leur témoignait
son aversion ou par la fuite quand elles s'ap-
prochaient de lui, ou par des coups de bec
qu'il accompagnait d'un cri particulier. Il
reconnaissait fort bien les amis de la maison,
et leur faisait fête en toute occasion, mais il
avait une horreur toute particulière pour la
couleur écarlate, et semblait saisi de frayeur
à la vue de toutes les couleurs éclatantes.

Voilà, je pense, un nouvel exemple qui
prouve que les oiseaux sont susceptibles
d'attachement, eux qu'on avait jusqu'ici taxés
de légèreté et d'ingratitude envers leurs bien-
faiteurs ou leurs amis. Cependant il est difficile de rencontrer parmi les autres animaux
plus de constance dans le lien conjugal, et
depuis trois jours nous sommes témoins d'un
fait de ce genre qui nous a tous frappés.
Madame Dufresne avait un couple de paons
qui faisaient le principal ornement de sa
basse-cour, et qui s'aimaient tendrement.
Malheureusement un renard qui, est la terreur du pays, parvint à s'introduire chez
nous, et dans un moment où l'on n'y faisait

pas attention, s'empara de la femelle, qu'il emporta. Aperçu dans sa fuite et poursuivi, il fut contraint de lâcher sa proie, qu'il abandonna sans vie et toute mutilée. Le cadavre fut rapporté à la maison, honoré des lamentations de toute la famille, et enfin déposé sur le fumier. Pendant ce temps-là le paon, qui avait perdu sa compagne, la cherchait avec une extrême anxiété ; lorsqu'il l'aperçut sur le fumier, il se dirigea près d'elle, lui fit mille prévenances, lui offrit du grain, et chercha même à la réchauffer de ses ailes. Pendant trois jours il n'a pas cessé ce manége ; mais s'apercevant enfin que tous ses efforts étaient inutiles, il s'éloigna tristement, et depuis ce temps il paraît accablé de chagrin, et n'a pas une seule fois étalé les richesses et la pompe de sa queue.

« L'instinct, dit Buffon, qui porte les alouettes femelles à élever et à soigner une couvée, se déclare quelquefois de très bonne heure, et même avant celui qui les dispose à devenir mères. On m'avait apporté, dans le mois de mai, une jeune alouette qui ne mangeait pas encore seule ; je la fis élever, et elle était à peine sevrée lorsqu'on m'apporta, d'un autre endroit, une couvée de trois ou quatre petits de la même espèce : elle se prit d'une affection singulière pour les nouveaux venus, qui n'étaient pas beaucoup plus jeunes qu'elle; elle les soignait nuit et jour, les réchauffait sous ses ailes, leur portait la nourriture avec le bec; rien n'était capable de la détourner de ses intéressantes fonctions. Si on l'arrachait de dessus ses petits, elle revolait à eux dès qu'elle était libre, sans jamais songer à prendre sa volée, comme elle l'aurait pu cent fois. Son affection ne faisait que croître, elle en oublia le boire et le manger; elle ne vivait plus que de la becquée qu'on lui donnait en même temps qu'à ses petits adoptifs, et elle mourut enfin consumée par cette espèce de passion maternelle. Aucun de ses petits ne lui survécut; ils moururent tous les uns après les autres, tant ses soins leur étaient devenus nécessaires, tant ces mêmes soins étaient non seulement affectionnés, mais bien entendus. »

Les chiens ont fréquemment montré de

l'attachement à leur maître, même après leur mort, et l'exemple du chien d'Aubry de Montdidier ne peut sortir de ma mémoire. Vous vous rappelez même peut-être l'accident arrivé il y a déjà plusieurs années à un charbonnier qui avait tenté de traverser la Seine, où la rigueur de l'hiver avait amoncelé des glaçons qui formaient une sorte de plancher solide. Arrivé près du terme de ce dangereux passage, la glace se rompit, et ce malheureux disparut pour toujours. Son chien fidèle, qui l'avait suivi pas à pas, n'eut pas plutôt vu son maître passer ainsi sous la glace, qu'il poussa des hurlemens affreux. Pendant une semaine, il resta jour et nuit sur le bord du trou qui avait englouti son ami, et il ne se retira enfin que lorsque les glaçons, détachés par la chaleur, recommencèrent à flotter, et menacèrent de le briser lui-même.

Vous vous rappelez peut-être d'avoir lu dans la traduction d'Homère, que le chien d'Ulysse reconnut son maître, quoiqu'il ne l'eût pas vu depuis dix années, et qu'il fût couvert des haillons d'un mendiant. Ce bon chien, dit-il, accablé par les années, maigre, abattu et presque privé de nourriture par des serviteurs négligens, se leva pour voir son ancien maître que lui seul reconnaissait, il le flatta, lécha ses mains, et, dans le saisissement qui le transportait, tomba à ses pieds, tourna encore une fois ses regards vers lui, et bientôt expira.

Soit crainte, soit vigilance, l'oie, dit Buffon, répète à tout moment ses grands cris d'avertissement; mais indépendamment des marques de sentiment, des signes d'intelligence que nous lui reconnaissons, le courage avec lequel il défend sa couvée et se défend lui-même contre l'oiseau de proie, certains traits d'attachement, de reconnaissance même très singuliers, démontrent que le mépris qu'on a généralement pour les oies est très mal fondé; je vais ajouter à ces traits un exemple de la plus grande circonstance d'attachement. La scène de cette amitié si touchante et si fidèle est au château de Ris; la relation en a été faite par le concierge même du château, un des personnages de l'action.

« Il faut savoir d'abord, dit-il, qu'il y avait dans la basse-cour deux oies mâles ou jars, un gris et un blanc, avec trois femelles ; c'était toujours querelle entre ces deux jars à qui aurait la compagnie de ces trois dames ; quand l'un ou l'autre s'en était emparé, il se mettait à leur tête, et empêchait que l'autre n'en approchât. Celui qui s'en était rendu le maître la nuit, ne voulait pas les céder le matin ; enfin les deux galans en vinrent à des combats si furieux, qu'il fallait y courir. Un jour entre autres, attiré du fond du jardin par leurs cris, je les trouvai, leurs cous entrelacés, se donnant des coups d'aile avec une rapidité et une force étonnante ; les trois femelles tournaient autour, comme voulant les séparer, mais inutilement. Enfin le jars blanc eut du dessous, se trouva renversé, et était très maltraité par l'autre ; je les séparai, heureusement pour le blanc qui y aurait perdu la vie. Alors le gris se mit à crier, à chanter et à battre les ailes, en courant rejoindre ses compagnes, en leur faisant chacune tour à tour un ramage qui ne finissait pas, et auquel répondaient les trois dames, qui vinrent se ranger autour de lui. Pendant ce temps-là, le pauvre Jacquot faisait pitié, et se retirant tristement, jetait de loin des cris de condoléance; il fut plusieurs jours à se rétablir, durant lesquels j'eus occasion de passer par les cours où il se tenait : je le voyais toujours exclu de la société; et à chaque fois que je passais, il me venait faire des harangues, sans doute pour me remercier du secours que je lui avais donné dans sa grande affaire. Un jour il s'approcha si près de moi, me marquant tant d'amitié, que je ne pus m'empêcher de le caresser en lui passant la main le long du cou et du dos, à quoi il parut être si sensible, qu'il me suivit jusqu'à l'issue des cours. Le lendemain je repassai, et il ne manqua pas de courir à moi : je lui fis la même caresse, dont il ne se rassasiait pas, et cependant, par ses façons, il avait l'air de vouloir me conduire du côté de ses chères amies; je l'y conduisis en effet. En arrivant, il commença sa harangue, et l'adressa directement aux trois dames, qui ne manquèrent pas d'y répondre ; aussitôt le conquérant gris sauta sur le Jacquot; je les laissai faire pour un moment, il était toujours le plus fort. Enfin je pris le parti de mon Jacquot qui était dessous; je le mis dessus; il revint dessous; je le remis dessus; de manière qu'ils se battirent onze minutes, et par le secours que je lui portai, il devint vainqueur du gris, et s'empara des trois demoiselles. Quand l'ami Jacquot se vit le maître, il n'osait plus quitter ses demoiselles, et par conséquent il ne venait plus à moi quand je passais, il me donnait seulement de loin beaucoup de marques d'amitié en criant et battant des ailes, mais ne quittait pas sa proie, de peur que l'autre ne s'en emparât. Le temps se passa ainsi jusqu'à la couvaison, qu'il ne me parlait toujours que de loin; mais quand ses femmes se mirent à couver, il les laissa, et redoubla son amitié vis-à-vis de moi. Un jour, m'ayant suivi jusqu'à la glacière, tout au haut du parc, qui était l'endroit où il fallait le quitter, poursuivant ma route pour aller au bois d'Orangis, à une demi-lieue de là, je l'enfermai dans le parc; il ne se vit pas plutôt séparé de moi qu'il jeta des cris étranges. Je suivais cependant mon chemin, et j'étais environ au tiers de la route du bois, quand le bruit d'un gros vol me fit tourner la tête; je vis mon Jacquot qui s'abattait à quatre pas de moi; il me suivit dans tout le chemin, partie à pied, partie au vol, me devançant souvent, et s'arrêtant aux croisières des chemins pour voir celui que je voulais prendre. Notre voyage dura ainsi depuis dix heures du matin jusqu'à huit heures du soir, sans que mon compagnon eût manqué de me suivre dans tous les détours du bois, et sans qu'il parût fatigué. Dès lors il se mit à me suivre et à m'accompagner partout, au point d'en devenir importun, ne pouvant aller à aucun endroit qu'il ne fût sur mes pas, jusqu'à venir un jour me trouver à l'église; une autre fois, comme il me cherchait dans le village, en passant devant la croisée de M. le curé, il m'entendit parler dans sa chambre, et trouvant la porte de la cour ouverte, il entre, monte l'escalier, et en entrant fit un cri de joie qui fit grand peur à M. le curé.

« Je m'afflige en vous contant de si beaux traits de mon bon et fidèle Jacquot, quand je pense que c'est moi qui ai rompu le premier une si belle amitié; mais il fallut m'en séparer par force : le pauvre Jacquot croyait être libre dans les appartemens les plus honnêtes comme dans le sien, et après plusieurs accidens de ce genre, on me l'enferma, et je ne le vis plus; mais son inquiétude a duré plus d'un an, et il en a perdu la vie de chagrin; il est devenu sec comme un morceau de bois, suivant ce que l'on m'a dit, car je n'ai pas voulu le voir, et l'on m'a caché sa mort plus de deux mois après qu'il a été défunt. S'il fallait répéter tous les traits d'amitié que ce pauvre Jacquot m'a donnés, je ne finirais pas de quatre jours sans cesser d'écrire. Il est mort dans la troisième année de son règne d'amitié; il avait en tout sept ans deux mois. »

Je me sens si émue, que je vais terminer ma lettre en vous assurant toujours de ma constante amitié.

# LETTRE XXVII.

### ÉMILIE A CAROLINE.

Chère Caroline,

Qu'on doit être heureux de voyager dans des pays lointains, où les mœurs et les habitudes des peuples sont si éloignées des nôtres, où la nature s'offre sous un aspect si différent de celui de nos climats. Quelles sources sans cesse nouvelles d'étonnement, de bonheur et de ravissement ! L'âme, incessamment frappée par des tableaux toujours variés, doit éprouver des sensations de tous les genres. Ce bonheur me sera sans doute à jamais refusé; mais je ne puis m'empêcher de l'envier, quand j'écoute la conversation de M. David, et quand je vois l'instruction solide et variée qu'il a recueillie de ses voyages. Quoique nous le voyions très souvent, il nous parle toujours avec complaisance des productions, des mœurs et des arts de l'Inde, il nous en fait des descriptions si pittoresques, qu'il me semble que je ne pourrais jamais me fatiguer d'écouter ses récits; il paraît avoir fait une étude particulière de l'histoire naturelle, et vous concevez aisément qu'une étude pour laquelle j'ai pris tant de goût fait très fréquemment le sujet de nos entretiens. Nous y mêlons souvent de longues dissertations sur l'instinct et sur la sagacité des animaux, et en cela il est parfaitement de votre avis, que plusieurs êtres inférieurs de la création sont doués de penchans aimables et de qualités remarquables qui les élèvent au-dessus de la condition de simples machines brutes et grossières.

Pour appuyer ses argumens, il nous dit l'autre jour qu'étant une fois à la chasse, et se trouvant dans un petit bois de bananiers, il tua un singe femelle et l'emporta dans sa tente, qui, peu de momens après, fut entourée par quarante ou cinquante singes qui faisaient un bruit effroyable, et s'avançaient vers lui avec les gestes les plus menaçans. Il sortit alors avec son fusil qu'il dirigea contre ces animaux; ceux-ci commencèrent d'abord à fuir, puis s'arrêtèrent un moment dans une sorte d'irrésolution, et s'assemblèrent à peu de distance de la tente; alors l'un d'eux, qui s'était toujos tenu à l'avant-garde et qui paraissait un des plus âgés, revint en gromelant et en accompagnant ses cris de grimaces et de nouvelles menaces; M. David le coucha en joue, sans que le singe prît la fuite ou parût effrayé. Enfin l'animal s'approcha de la tente et voyant que ses menaces n'avaient produit aucun effet, il se mit à faire entendre un grognement sur un ton lamentable, et par des gestes qui simulaient la douleur et la prière, semblait redemander le corps de la défunte. Après s'être amusé pendant quelque temps de ce spectacle, M. David lui accorda sa requête. A peine eut-il reçu le corps de la guenon, qu'avec l'affection la plus tendre, et avec des marques non équivoques de l'affliction la plus profonde, il l'embrassa, la serra dans ses bras, et la porta avec une sorte de solennité à ses camarades qui l'attendaient. Cette tendresse conjugale si naïve, cette affection si vraie, cette douleur si sincère, produisirent, nous dit M. David, un effet si puissant sur lui qu'il se promit bien à l'avenir de ne plus diriger contre ces animaux intelligens et sensibles son arme meurtrière.

Ces animaux montrent beaucoup d'instinct et d'adresse dans la guerre qu'ils font aux reptiles qui infestent un arbre nommé des *Banians*, qui croît dans l'Inde à une grosseur prodigieuse. Pendant que les serpens sont livrés au sommeil, ils les saisissent adroitement un peu au-dessous de la tête, comme s'ils savaient que ces bêtes hideuses sont armées d'un venin redoutable, puis courant aussitôt vers une pierre ou un corps dur quelconque, ils lui fracassent la tête en la frottant et la frappant avec force et en regardant fréquemment si cette désorganisation fait des progrès. Quand ils sont convaincus que l'animal venimeux est privé de la vie, ils le portent à leurs petits pour leur servir de *jouet*, et paraissent se réjouir de la destruction d'un ennemi commun.

La sagacité de ces singes en état de liberté, semble parfois étonnante et approche dans bien des cas de l'intelligence humaine. Dans l'état de domesticité, leurs grimaces et leurs

tours leur ont attiré plus d'éloges que leur sagacité. Il y a déjà quelque temps qu'une dame
reçut par le même vaisseau un singe et un perroquet. Un jour le singe observait attentivement le cuisinier qui plumait un pigeon, et
comme celui-ci ne témoignait aucune douleur
de cette opération, le singe s'imagina probablement qu'elle devait être agréable à tous les
animaux qui portent des plumes, et pendant
qu'on n'avait pas l'œil sur lui, il se mit à plu-
mer le pauvre perroquet, sans lui laisser sur
le corps le plus léger duvet. Plus tard, ayant
vu tordre le cou à une poule, il s'introduisit
le soir dans la basse cour, et fit subir la même
opération à un nombre considérable de vo-
lailles.

# LETTRE XXVIII.

## CAROLINE A ÉMILIE.

Aimable Émilie,

Nous avons été invités, il y a peu de jours, à assister à la pêche du saumon, et je vous répéterai sur ce poisson tout ce que j'ai appris de ceux qui nous entouraient. Le saumon se tient toujours au voisinage de l'embouchure des eaux douces, où il entre dans le temps où il dépose ses œufs; c'est alors qu'il remonte les fleuves, jusqu'à leurs sources, sans que les distances soient un obstacle à ses migrations. Bravant le courant, il chemine avec vitesse, puisqu'il met peu de temps à parvenir dans la Loire à la plus grande distance possible de la mer. Les saumons passent la belle saison dans l'eau douce et paraissent revenir toujours aux lieux qui les ont vus naître. Ils voyagent sur deux de hauteur, par bandes innombrables dirigées par les plus grosses femelles qui retournent aux lieux où elles ont l'habitude de déposer leurs œufs. Ces poissons savent, dit-on, franchir les cataractes, et les chutes d'eau ne sont pas pour eux des obstacles. Les œufs une fois éclos, les jeunes saumons parviennent promptement à la taille de quatre à cinq pouces. Lorsqu'ils ont atteint celle d'un pied, à peu près, ils se trouvent alors avoir assez de force pour abandonner le haut des rivières et gagner la mer, qu'ils quittent lorsqu'ils ont dix-huit pouces, c'est-à-dire, vers le commencement de l'été. A deux ans ils pèsent déjà six ou huit livres, et à cinq ou six ans ils n'en pèsent que dix ou douze. On peut, d'après ces données, juger de l'âge avancé de ceux qu'on pêche en Écosse et en Suède, et qui, de la taille de six pieds, ne pèsent pas moins de quatre-vingts à cent livres.

C'est lorsqu'ils remontent ou descendent les rivières qu'on cherche à prendre les saumons au moyen de filets appropriés à cet usage ; mais ce qui m'a surtout réjouie dans cette pêche, c'est un chien de pêcheur qui, aussitôt que son maître jetait son filet, sautait dans l'eau et se mettait en devoir de le seconder. Les saumons, comme je vous l'ai dit, sont des poissons fort agiles et qui s'échappent souvent des filets dont on cherche à les entourer, mais en même temps ils sont timides et fuient au moindre bruit. Comme l'eau était très limpide le chien distinguait parfaitement les poissons qui cherchaient à sauter par-dessus le filet, et par ses cris et sa présence, il les intimidait et les repoussait vers son maître.

Racontez donc à votre voyageur l'anecdote suivante que M. Maurice a recueillie sans pouvoir se rappeler d'après quelle autorité. Une troupe d'éléphans, en se rendant à l'abreuvoir, passait régulièrement près d'une marchande de fruits. La bonne femme qui tenait cette boutique distingua parmi ces animaux, l'un d'eux pour lequel elle prit de l'affection. Toutes les fois qu'il passait elle le régalait de quelques fruits ou des débris divers de plantes potagères. Un jour, les éléphans, pressés par leur conducteur, passèrent avec tant de rapidité, qu'ils renversèrent toute la boutique de la pauvre marchande. Pendant qu'elle était occupée à réparer le désor-

dre, son jeune enfant sortit, à son insu, de
la boutique, et vint se jeter au milieu des éléphans, qui l'auraient peut-être écrasé, sans les
cris de sa mère et sans l'assistance de l'éléphant favori qui saisit l'enfant avec sa trompe,
l'éleva en l'air sans lui faire le moindre mal,
le tint ainsi suspendu jusqu'à ce que tous ses
camarades fussent passés, et le rendit aussitôt
sain et sauf à sa mère.

Quelle humanité ! quelle reconnaissance !
Je doute qu'un homme eût eu à la fois plus
de gratitude et de présence d'esprit que ce
bon éléphant. Je ressens d'autant plus vivement ce trait de bonté, que l'ingratitude a
toujours été un vice qui me semble dégrader
l'humanité et qui la met au-dessous des animaux ; mais je me laisse entraîner à ma haine
contre ce vice hideux, et j'oubliais qu'il ne
saurait jamais atteindre votre cœur ni celui
de votre amie.

# LETTRE XXIX.

### ÉMILIE A CAROLINE.

Ma chère Caroline,

J'ai fait part à notre voyageur de votre anecdote sur l'éléphant reconnaissant; elle lui a fait plaisir, et comme il a été à même d'étudier ces animaux, elle lui a semblé très probable. Dans tous les cas, votre lettre l'a mis en veine de parler histoire naturelle, et je vous adresse les points les plus saillans de nos conversations.

Dans son opinion, le sens de l'odorat, dans plusieurs animaux, semble éveiller plusieurs sympathies mentales aussi variées peut-être que celles que la vue et le toucher peuvent exciter dans les autres animaux où ces deux sens sont très développés. On a observé que les chiens qui n'avaient jamais vu de lions, tremblaient cependant à la vue de ce redoutable animal, et un éléphant qui n'a jamais aperçu de tigre, manifestera cependant au premier aspect un sentiment d'horreur et de répugnance. L'odeur seule de cet animal produira sur lui ce singulier effet. Lord Clive, qui avait été gouverneur des Indes, voulut un jour faire combattre à Calcutta un éléphant contre un tigre. Le tigre fut d'abord conduit dans une cage sur le lieu du combat, mais l'odeur qu'il répandit eut un effet assez puissant sur l'éléphant pour l'empêcher d'entrer dans la lice par le même chemin où le tigre avait passé. Les menaces, les caresses furent inutiles, et ce ne fut qu'après qu'on lui eut donné plusieurs pintes de rack, qu'il entra en fureur, brisa la palissade en un endroit, entra dans la lice, se dirigea vers son ennemi, le terrassa et le tua sans difficulté.

L'empressement extraordinaire que manifeste le chien à suivre les traces du gibier paraît à M. David n'avoir aucun rapport avec la voracité ou la gourmandise de ces animaux ; c'est une perception particulière au moyen du sens de l'odorat qui le transporte et l'anime. Peut-être l'état de domesticité a-t-il modifié cette faculté naturelle. Quoi qu'il en soit,

M. David cite encore comme exemple les bœufs qui s'assemblent dans un endroit où le sang d'un de leurs semblables a été répandu, et qui, par leurs mugissemens, semblent donner des symptômes manifestes d'horreur et de douleur. Cependant, ces animaux n'ont pas une idée de la mort ou du danger, et c'est plutôt un instinct que la providence leur a donné comme pour les mettre sur leurs gardes et conserver leur individu. Notre naturaliste s'est beaucoup étendu sur des idées abstraites relatives à l'instinct, l'intelligence et autres sujets intéressans ; mais j'aime mieux m'en tenir avec vous aux faits curieux dont il a parsemé cette savante dissertation.

Un faquir, ou l'un de ces prêtres mendians de l'Inde qu'on voit répandus en grand nombre au Bengale, avait plusieurs tigres apprivoisés. M. David a vu près de Golconde un de ces animaux paraissant obéir à toutes les injonctions de ce prêtre qui vivait dans une assez misérable hutte, au milieu d'une solitude infectée de tigres sauvages. Sa hutte était située sur un coteau qui dominait toute la contrée, et sur le revers opposé au Gange.

Cet homme se rendait très fréquemment à la ville accompagné par un de ses tigres, qui n'inspiraient plus aucune terreur, par suite de l'habitude où on était de les voir, et par l'ascendant irrésistible qu'il avait sur eux. Il a été impossible de découvrir les moyens dont il s'est servi pour les amener ainsi à l'état de domesticité, et comment il parvenait à dompter leurs penchans féroces et sauvages. Il est clair que ce fourbe avait le plus grand intérêt à garder son secret : c'était le moyen d'entretenir et de conserver la vénération de ces peuples, qui attribuaient l'influence irrésistible qu'il avait sur des bêtes aussi terribles à la sainteté du dévôt personnage. Ce faquir n'était pas le seul dans l'Inde qui apprivoisât les tigres ; plusieurs autres jongleurs de son espèce étaient parvenus au même résultat, ce qui semble d'autant plus étonnant , qu'excepté ces prêtres, les autres personnes ont en vain tenté de faire fléchir le caractère sanguinaire de ces animaux, soit au moyen de soins assidus, soit par la précaution de les prendre à la mamelle, et même à leur naissance. Comment les faquirs ont-ils fait naître

des sentimens de reconnaissance et d'attachement dans ces cœurs qui ne respirent
que le carnage? Voilà un problème dont les
Européens n'ont pas encore trouvé la solu-
tion. Le tigre est vraiment un animal magnifique, mais il porte dans son ensemble des
caractères de duplicité, de ruse et de férocité qui font naître la défiance et la terreur
dans l'âme de ceux qui le regardent, et
éloignent promptement d'une bête aussi dangereuse, même lorsqu'elle est apprivoisée.
C'est un esclave, mais un esclave menaçant
et terrible. O combien le puissant éléphant
est plus intelligent! De combien de qualités
aimables n'est-il pas doué? Si on le traite avec
douceur, c'est un ami sincère qui rend amitié
pour amitié, qui se rappelle avec reconnaissance les moindres services, et montre un
cœur fidèle et constant. Écoutez seulement
cette histoire.

Un éléphant, qui pendant plusieurs années
avait vécu dans l'état de domesticité, s'é-
chappa un jour pendant un orage, recouvra
sa liberté et se rendit dans les lieux qui l'a-
vaient vu naître. Quatre années s'étaient déjà

écoulées depuis qu'il jouissait de son indé-
pendance, lorsqu'un jour plusieurs de ces
animaux furent pris dans une enceinte qu'on
réserve pour faire la chasse aux éléphans.
Par hasard, parmi les hommes occupés à
cette chasse, et qui montèrent sur les palissades de l'enceinte pour reconnaître les éléphans, se trouva l'ancien gardien du fugitif.
Cet homme, en examinant attentivement ces
animaux, en remarqua surtout un qui res-
semblait à son éléphant favori, et il soupçonna que ce bel animal s'était laissé prendre
au piége une seconde fois. Ses camarades,
lorsqu'il leur annonça cette nouvelle, se prirent à rire et le plaisantèrent sur cette pré-
tendue bonne fortune; mais cet homme,
profondément imbu de la vérité de son observation, se mit à appeler son ancien serviteur
par son nom. Aussitôt, et à la grande surprise
de ses camarades, le fidèle éléphant reconnaît son gardien et accourt à sa voix; l'homme
oublie le danger auquel il s'expose au milieu
de ces animaux furieux d'être pris au piége,
il s'élance dans l'enceinte vers son ami, est
bientôt près de lui, le flatte et l'accable de

caresses; l'éléphant, qui ressent les **mêmes** émotions, enlève son gardien, le place sur son dos, et tous deux, en triomphe, retournent fièrement à leur domicile savourer en paix les jouissances de l'amitié.

**M.** David, désirant acheter un éléphant, on lui en offrit à bas prix un des plus majestueux sous le rapport de la taille; mais **M. Da**vid repoussa cette offre parce que le pauvre animal avait reçu à la trompe une profonde blessure que son gardien lui avait faite dans un moment d'emportement; ce qui le défigurait et le rendait inhabile aux services que les éléphans rendent avec ce précieux instrument. Sa trompe était pendante et comme incapable de faire aucun mouvement; il ne pouvait ni saisir, ni mouvoir ou transporter aucun objet. Dans cette triste situation, cette bête excellente était hors d'état de prendre sa nourriture qu'il ne pouvait porter à sa bouche, et sa position aurait été des plus cruelles, si un autre éléphant mâle n'eût eu pitié de lui, et ne lui eût préparé des boules de foin ou de feuilles fraîches, qu'il portait avec sa trompe dans la bouche du pauvre patient.

Voilà, je pense, une action raisonnée, un
acte de l'intelligence qui prouve évidemment
que cet éléphant compatissant avait le sentiment des souffrances de son camarade, et
qu'il était de son devoir, pour soutenir son
existence, de lui préparer cette nourriture
qu'il savait que ce malheureux ne pouvait
plus se procurer. On prétend que les rats
font preuve de la même sensibilité et de la
même intelligence, et que si l'un d'entre eux
devient aveugle, ou si vieux qu'il ne peut
plus aller à la maraude, ils lui apportent sa
nourriture ou le conduisent vers l'endroit
où il peut boire, en plaçant dans sa gueule
une paille que deux de ses jeunes compagnons tiennent également dans la leur pour
lui servir de guides.

La chasse de l'éléphant en général ne présente pas beaucoup de dangers, parce que
les chasseurs élèvent des palissades derrière
lesquelles ils se réfugient dès que cet animal
les poursuit. Elle offre d'ailleurs des particularités intéressantes, et M. David, qui a vu à
Siam une de ces chasses, nous en a donné
une idée assez exacte. A peine, dit-il, arri-

vâmes-nous, que le roi parut escorté des mandarins, montés, comme lui, sur des éléphans de guerre. On suivit le cortége, et on s'enfonça dans l'épaisseur du bois, l'espace environ d'une lieue, jusqu'à l'endroit où se trouvaient des éléphans sauvages. Là, des femelles convenablement dressées vont se mêler aux éléphans sauvages qu'elles flattent et qu'elles cherchent à séduire. Ceux-ci, sans défiance, suivent ces femelles, qui les conduisent dans un parc carré dont les côtés étaient fermés par une grande quantité de pieux élevés et robustes. Dès qu'on fut arrivé, on fit une enceinte d'environ cent éléphans dressés qu'on plaça autour du parc pour empêcher les éléphans sauvages de briser ou de franchir les palissades. On poussa ensuite dans l'enceinte du parc une douzaine d'éléphans privés, des plus forts, sur chacun desquels deux hommes étaient montés avec de grosses cordes à nœuds coulans. Ils poursuivaient un des éléphans sauvages que les palissades et les éléphans de guerre empêchaient de fuir, et avec beaucoup d'adresse ils jetaient leurs nœuds de corde à l'endroit où il devait mettre ses pieds. Lorsqu'ils étaient parvenus à lui saisir ainsi les quatre membres, ils le plaçaient, ainsi garotté, entre deux éléphans privés, et l'obligeaient, en l'attachant avec eux, à suivre tous leurs mouvemens. Un troisième éléphant sert quelquefois à tirer en avant les plus rebelles, tandis qu'un quatrième, dressé à cet exercice, le contraint d'avancer en le poussant par derrière à coups de défenses. Quand l'éléphant est trop agité et que l'on craint qu'il ne devienne furieux, on l'arrose avec beaucoup d'eau froide, et ces douches paraissent le calmer. On l'attache pendant douze heures ou plusieurs jours à un très gros pilier, et il est rare qu'après ce temps d'épreuve il ne soit pas aussi soumis que ceux qui ont aidé à le priver de sa liberté.

Un soldat de la garnison de Pondichéry, le jour qu'il recevait sa paie, avait l'habitude de porter à un éléphant une mesure d'arack. Un jour que ce soldat était ivre et poursuivi par la garde qui voulait le traîner en prison, il se réfugia sous cet animal. En vain les gardes essayèrent de l'arracher de cet asile, l'éléphant s'opposa constamment à leur approche. Le lendemain, le soldat qui s'était endormi, frémit, quand il se réveilla, de se trouver couché sous cette énorme masse qui, en s'abattant ou par mégarde, aurait pu l'écraser, et il ne fut rassuré que par les caresses que lui prodigua son reconnaissant protecteur.

Ma lettre est bien longue; mais la conversation curieuse de M. David méritait de vous être rapportée. Aimez-moi toujours, c'est un bonheur que je saurai toujours apprécier.

---

## LETTRE XXX.

### CAROLINE A ÉMILIE.

Chère Émilie,

Que de détails curieux, que de réflexions sages votre dernière contient! Je l'ai relue plusieurs fois moi-même avec un nouveau plaisir; je l'ai lue à mes amis, je l'ai lue à toutes mes connaissances des environs. Elle

nous a servi de texte pour discuter longue-
ment sur l'intelligence des éléphans, que les
uns comparaient à celle de l'homme, et que
tout le monde convenait être supérieure à
celle du chien. C'est un fait, toutefois, dont
Cécile ne convenait pas, elle qui possède un
magnifique chien de Terre-Neuve qui lui a
donné des preuves nombreuses de sagacité et
de fidélité. M. Maurice semble être resté neutre dans cette discussion, parce que, dit-il, il
faudrait faire des expériences comparatives
sur ces animaux avant de pouvoir fixer leur
rang et décider de leur supériorité; mais afin
de fournir un document de plus à cette comparaison, il nous a cité un trait qui se trouve
dans l'histoire de la rebellion d'Angleterre,
par Gordon, et dont M. Maurice peut garantir l'authenticité, pour s'en être assuré
auprès de témoins oculaires, lors du voyage
qu'il fit en Angleterre avant la révolution.

A l'époque où ce fait est arrivé, l'Angleterre était déchirée par des guerres civiles,
fruits du fanatisme et de la superstition. Les
catholiques et les protestans se massacraient
sans pitié et abusaient tour-à-tour de la vic-

toire. Le vaincu devenait la victime du vainqueur, et celui-ci à son tour, si la fortune lui devenait contraire, était impitoyablement égorgé, ou cherchait, par la fuite, à éviter une mort certaine. Dans une de ces luttes terribles, Charles Davis, vitrier à Ennis, qui avait embrassé la cause protestante, fut contraint, après la déroute de son parti, de chercher son salut dans une prompte retraite. Il quitta, en toute hâte, le champ de bataille, retourna dans Ennis, et se cacha dans la fosse d'aisance d'une maison où, pendant quatre jours, il n'eut d'autre nourriture qu'un malheureux coq qui tomba dans cette fosse, et qu'il dévora sans autre préparation. Cependant, ne pouvant plus tenir dans ce lieu infect, et pressé par le besoin de nourriture, il se hasarda de sortir, traversa la nuit la ville d'Ennis, et déjà avait gagné la campagne où il espérait trouver une retraite plus sûre et plus commode, lorsqu'il fut reconnu par des soldats du parti contraire, traîné près d'un endroit nommé Vinegar-Hill, et fusillé sur-le-champ. Une balle lui traversa en partie le corps, une autre lui fracassa un bras, et ses assassins, dont la rage n'était pas encore assouvie par sa mort, s'approchèrent de son cadavre qu'ils frappèrent avec leurs armes de la manière la plus brutale. Il fut ensuite traîné par une jambe dans un fossé préparé à la hâte, et recouvert de terre qu'on amoncela sur lui et qu'on chargea encore de pierres. Charles Davis avait un chien qui l'avait suivi dans toutes ses infortunes et jusques sur le lieu du supplice. A peine les assassins de son maître furent-ils éloignés, qu'il se mit à écarter les pierres dont il était recouvert, à déblayer la terre avec ses pattes, et qu'il parvint à découvrir la tête et la poitrine de son maître ; puis il commença à le lécher avec soin et à étancher avec sa langue le sang qui coulait de ses blessures. Enfin, après un travail si pénible pour un chien, et des soins qui durèrent plus d'un jour, Charles Davis donna quelques signes de vie. Pendant plusieurs heures, ce malheureux resta encore évanoui ; mais enfin il reprit ses esprits et fut fort étonné de la position où il se trouvait, et de voir à ses côtés son fidèle compagnon. Tout cela lui parais-

sait un songe effrayant. Sa figure pâle et dé-
composée, la terreur qui éclatait dans ses
yeux, son corps sanglant et brisé à moitié recouvert de terre, offraient un spectacle des
plus pitoyables. Quelques catholiques qui
passèrent près de lui, mus, non pas par un
sentiment de compassion, mais par la superstition, s'imaginèrent que le Ciel, par un
miracle, avait rendu pour un moment la vie
à cet hérétique, afin qu'il pût se convertir et
éviter ainsi la damnation éternelle. Ils le re-
tirèrent avec précaution de son tombeau, le
transportèrent chez eux, bandèrent ses plaies,
et en eurent tant de soins, qu'au bout de trois
mois Charles Davis fut entièrement rétabli.

Une pareille résurrection paraîtrait, au
premier coup-d'œil, impossible, si elle n'a-
vait été attestée par une foule de témoins à
Gordon, et à beaucoup d'autres personnes
par un grand nombre d'habitans d'Ennis, témoins oculaires du fait. Je m'abstiens ici de
toute réflexion, car je pense, chère Émilie,
que plus d'un genre d'émotions aura agité
votre cœur au récit de cette anecdote; je
vous engage à la méditer. Cependant, pour

ne pas vous laisser dans l'âme d'impression triste, je vous envoye quelques faits sur l'histoire naturelle, qui peut-être auront pour vous de l'agrément.

Les rhinocéros, qui sont des animaux très puissans et très grands, mais beaucoup moins intelligens que les éléphans, ne se trouvent guères qu'en Asie et en Afrique. Vous savez qu'ils ont le nez surmonté d'une ou deux cornes solides et coniques, formées de poils agglutinés. Ils habitent les lieux humides et ombragés, aiment à se vautrer dans la fange, et se nourrissent uniquement d'herbes et de jeunes branches d'arbres. Leur vue est mauvaise et ne s'étend qu'à peu de distance, mais leur odorat est très subtil. La force de ces animaux est extraordinaire, et lorsqu'ils sont en fureur, ils brisent tout ce qui tend à leur faire obstacle. Les rhinocéros sont estimés dans les pays où ils vivent, pour leur chair qu'on dit être très délicate, et pour leur peau qui fournit un cuir excellent; mais leur chasse demande beaucoup de précaution. Le rhinocéros des Indes, bien que d'un naturel grossier et sauvage, peut s'apprivoiser et devenir familier, et ceux qu'on a vus en Europe étaient généralement doux lorsqu'on les avait pris jeunes, mais intraitables quand on les avait pris dans un âge avancé. En captivité ces animaux mangent avec plaisir du sucre, du riz, du pain, tandis que dans l'état de liberté ils ne cherchent guère que les herbes et les racines qu'ils déterrrent avec leurs cornes.

L'hippopotame, autre colosse de la création, et animal que l'on ne rencontre guère qu'en Afrique, est, dit un voyageur, ordinairement gras et fort bon à manger. Il paît sur le bord des étangs et des rivières, dans les endroits humides et marécageux, et se jette à l'eau dès qu'on l'attaque; lorsqu'il est dans l'eau, il plonge jusqu'au fond et y marche comme il le ferait sur un terrain sec, même avec plus de vitesse; il court presque aussi vite qu'un homme, mais si on le poursuit, il se retourne pour se défendre. Il se nourrit de cannes à sucre, de joncs, de riz, de millet, et l'on conçoit qu'un si énorme animal en consomme d'immenses quantités, et cause d'épouvantables dommages dans les champs qui sont à sa portée. Il reste fort long-temps sous l'eau, et il ne reparaît souvent à la surface qu'à perte de vue de l'endroit où il a plongé; quand il n'y a pas de danger il nage à fleur d'eau, n'élevant au-dessus de la surface que les narines, les yeux et les oreilles. Quand il dort, il ne tient également que ces parties-là hors de l'eau. Au Cap, où la chasse en est maintenant défendue, ils se tiennent en petites troupes de huit ou dix dans les rivières.

Vous avez peut-être bien souvent entendu parler du grand nombre d'œufs que pondent les poissons, mais vous ne vous êtes sans doute pas fait une idée exacte de leur prodigieuse fécondité. La nature a dû pourvoir amplement à la reproduction d'animaux qui ont tant d'ennemis, qui mangent eux-mêmes leur progéniture, et qui dans leur jeunesse sont sans cesse exposés à la voracité des autres habitans des eaux. L'éperlan et le hareng pondent plus de quarante mille œufs, la sole cent mille, le maquereau cent trente mille, la carpe cent quatre-vingt mille, la tanche quatre cent mille, l'esturgeon plusieurs millions, et la morue neuf millions cinq cent mille; la mer et les eaux seraient

bientôt envahies par cette étonnante progéniture, si les poissons voraces, les oiseaux
marins et l'homme lui-même ne livraient une
guerre éternelle à ces animaux.

Vous m'engagez dans votre dernière lettre
à vous aimer toujours; vous savez bien que
mon cœur ne peut changer, et je vois avec
ravissement que les confidences savantes que
nous nous faisons mutuellement ont encore
resserré le nœud qui nous unissait; du moins
je crois sentir que vous devenez chaque jour
plus chère à votre amie.

## LETTRE TRENTE-UNIÈME.

### ÉMILIE A CAROLINE.

Ma Caroline,

J'ai été bien long-temps sans répondre à
votre aimable lettre, et peut-être m'accusiez
vous déjà de négligence; mais il s'est passé
ici des choses importantes que je m'empresse
de vous apprendre. La fille aînée de madame

Saint-Amand vient d'épouser son cousin, M. David, et pendant plus de quinze jours nous avons vu les fêtes se succéder avec rapidité. Grâces à Dieu cependant, elles sont terminées, et je puis reprendre mes études et surtout ma correspondance avec vous. M. et madame David veulent absolument que je reste des journées entières auprès d'eux, et, à dire vrai, je n'en suis pas fâchée, car c'est toujours des faits et des récits nouveaux que j'apprends de la bouche de M David, et dont je fais mon profit.

Lorsqu'il se rendit par terre dans l'Inde, il passa par la Russie, où il fut témoin d'une pêche assez curieuse faite par un pélican assisté d'un cormoran. Le pélican étendait ses ailes, en frappait l'eau qu'il troublait au loin ; alors le cormoran plongeait, surprenait le poisson et le ramenait à bord. Enfin, le pélican, en frappant toujours l'eau avec ses ailes, poussait ainsi le poisson vers le rivage, où les pêcheurs avaient tendu des filets, et où ils faisaient alors une récolte abondante. J'ai lu quelque part que l'empereur Maximilien d'Autriche possédait un pélican privé qui le suivait dans les combats et s'élevait au-dessus de l'armée à une si grande hauteur, que bien qu'il eût quinze pieds du bout de l'une des aîles à l'autre, il paraissait de la grosseur d'une hirondelle.

Vous connaissez peut-être le requin, vrai tyran des mers, dont M. David a observé les mœurs pendant son retour par mer. Ce sont des poissons d'une grande taille, d'une force considérable, dont la gloutonnerie et la voracité, servies par des dents disposées en quatre ou cinq rangées, les rendent redoutables par la manière dont elles sont aiguisées. Ce sont les tigres de la mer, et les hommes qu'ils ont dévorés témoignent de leur vorace appétit; ils ne dédaignent pas de suivre les vaisseaux et de recueillir les cadavres des individus expirés par suite de maladies, qu'on jette dans le sein des mers, et dont l'estomac de ces animaux est le plus souvent le tombeau. Les navires appelés négriers, et qui servent à transporter les pauvres nègres des côtes d'Afrique dans nos colonies, sont souvent encombrés de ces malheureux; la mortalité, par conséquent, y est souvent considérable, et comme on jette fréquemment des cadavres par-dessus le pont, les requins les suivent en grand nombre pour se repaître de cette horrible proie. Toutefois, les requins ne nagent pas avec vélocité, et même par une sage précaution de la nature, ils ne peuvent saisir leur proie qu'en se renversant sur le côté, ce qui lui permet, lorsqu'elle est agile, d'éviter la dent meurtrière de son ennemi. On prend aisément les requins à des crocs en fer amorcés avec un morceau de lard qu'ils saisissent avec gloutonnerie. Cet animal, dont l'intelligence paraît fort bornée, fréquente généralement les eaux basses des côtes, et rarement on le voit en pleine mer. Cependant, dans les pays chauds, ils s'éloignent souvent de toute terre. Dans les baies où on les rencontre le plus souvent, ils vivent par troupes, attirés par les mêmes besoins, quoique leurs habitudes soient solitaires. Ils font ordinairement deux petits vivans, dont la chair est dure et indigeste.

Le requin, dont les sens paraissent fort obtus, ne voyage pas ainsi seul dans la mer;

il est toujours accompagné de plusieurs petits poissons, auxquels on a donné le nom de
*remoras* ou *pilotes*; mais ces petits poissons
pourraient difficilement suivre les longues
courses et les grands mouvemens du requin,
si la nature ne les avait pourvus d'un disque
aplati, composé d'un certain nombre de lames,
de manière qu'en faisant le vide entre elles, la
*remora* peut s'attacher au corps du requin,
qui la voiture ainsi à travers les mers. Voici
comment s'exprime le célèbre Commerson,
voyageur et naturaliste qui a eu fréquemment l'occasion de voir des remoras accompagner des requins. « J'ai toujours regardé
comme une fable ce qu'on racontait des pilotes du requin; aujourd'hui, convaincu par
mes propres yeux, je n'en puis plus douter.
Mais quel est l'intérêt qu'ont ces petits poissons de suivre ce colosse redoutable? L'on
conçoit aisément que quelques parcelles de
la proie échappée au requin peuvent fort
bien être la proie du petit pilote qui en fait
son profit; c'est déjà un instinct assez singulier; mais on ne devine pas pourquoi le requin, qui est le poisson le plus vorace, ne

cherche pas à engloutir ce petit parasite qui
n'est jamais seul, et qui doit l'importuner,
car j'en ai vu souvent cinq ou six autour du
nez du requin. Le pilote lui serait-il donc de
quelque utilité ? Aurait-il la vue plus per-
çante que la grosse bête ? L'avertirait-il de
s'approcher de sa proie ? Serait-il véritablement un espion à gages, ou seulement un
faible petit poisson qui navigue sous la protection d'un plus fort, pour n'avoir rien a
craindre de ses ennemis ? J'ai remarqué souvent, à cet égard, que quand on jetait les
crocs en fer, le pilote allait aussitôt reconnaître le lard qu'on y avait fixé, retournait
après un instant près du requin, qui ne tar
dait pas à s'y rendre lui-même. Quand le requin est pris, ses pilotes le suivent jusqu'à
ce qu'on le monte dans le vaisseau ; alors ils
s'enfuient, et s'i n'y a pas d'autre requin
qu'ils puissent aller joindre, on les voit passer en poupe du navire, où ils s'entretien-
nent souvent plusieurs jours, jusqu'à ce
qu'ils aient trouvé fortune. »

N'est-ce pas là une bien singulière industrie, et ne seriez-vous pas tentée de croire

qu'il y a dans toute cette tactique une suite de raisonnemens dont on ne croyait guère les poissons capables. D'autres animaux de cette espèce montrent cependant une certaine sagacité, et l'un d'eux, que M. David a vu souvent pêcher, et qui a une forme globulaire et la peau couverte de piquans, est peut-être remarquable sous ce rapport. On l'appelle *holocanthe*, et les naturalistes disent qu'il se livre à de violens et rapides mouvemens quand il se sent pris à l'hameçon, dont il s'approche d'abord avec précaution, mais sur lequel il finit par se jeter avec avidité, quand il ne croit plus avoir de surprise à redouter. Lorsqu'il est pris, il se gonfle, redresse ses dards, et s'élève avec vitesse pour se débarrasser du crochet fatal qui le retient captif. Enflé ainsi comme un ballon, il fait entendre un bruit sourd qu'on a comparé au gloussement du dindon avant d'étaler sa queue. Enfin, lorsqu'il reconnaît que tous ses mouvemens et ses efforts sont inutiles, il a recours à la ruse, se dégonfle, contrefait le mort, abaisse ses piquans, et devient aussi mou et aussi flasque qu'un gand mouille ; mais aussitôt qu'on le touche, il se gonfle de nouveau, et pique cruellement la main imprudente qui cherche à le saisir. Au reste, la chair de ces animaux est vénéneuse, et elle a plus d'une fois causé la mort à des personnes qui en avaient mangé.

Puisque nous sommes sur le compte des poissons, je vais vous copier une note que je trouve dans mon agenda, et que j'avais un jour recueillie de la bouche d'un officier de marine qui est allié à mon père, et qui vint il y a déjà deux mois nous rendre une visite avant son départ pour nos colonies. Comme il a beaucoup voyagé sur mer, l'histoire naturelle de ce vaste amas d'eau lui est familière, et il répète avec assez de grâce tous les phénomènes que la mer lui a présentés.

Les exocets ou poissons volans, nous a-t-il dit, habitent exclusivement la mer ; leur chair est délicate et savoureuse ; leur forme est élégamment effilée, et à peu près celle des harengs, dont ils ont aussi la taille. Tous ont le dos bleuâtre, avec les flancs et le ventre argentés ; ils sont timides, faibles, se nourrissent de petites proies, et eussent bientôt disparu d'entre les êtres vivans, si la nature ne leur eût donné, dans leurs nageoires, des moyens propres à s'échapper du sein des vagues, et à planer un moment dans l'air à la surface de ces mêmes eaux, où de nombreux ennemis les poursuivent sans relâche. Les exocets ne s'élèvent pas très haut au-dessus des eaux, mais on a observé souvent qu'ils ne se replongeaient dans la mer qu'à une bonne portée de fusil du point dont ils étaient partis. Selon l'occasion, ils changent la direction de leur vol, et s'abaissent ou s'élèvent parallèlement aux flots agités; ils ont enfin la faculté de voler d'une manière beaucoup plus parfaite qu'on ne le croit communément. On rencontre souvent en pleine mer des bans de plusieurs centaines d'exocets de toute taille, poursuivis par des dorades; dans ce cas, les exocets restent le moins de temps possible dans l'eau, et seulement celui qui leur est nécessaire pour rafraîchir leurs ailes, puis ils recommencent leur vol. Ces pauvres bêtes, symbole d'une frayeur perpétuelle, sont continuellement en fuite, et se jettent souvent dans les voiles des vaisseaux. Les airs ne sont pas, pour ces êtres perpétuellement fugitifs, un asile beaucoup plus assuré que les eaux; lorsque les poissons qui les poursuivent ne peuvent s'élancer hors de leur élément pour les saisir, des oiseaux avides qui leur donnent la chasse les enlèvent à l'instant où ils déploient leurs ailes pour essayer un nouvel élément. Ainsi également menacés, soit qu'ils nagent, soit qu'ils volent, ils n'ont, en fuyant, dans la perspective d'être dévorés, que la faculté de choisir un sépulcre dans l'estomac de leur meurtrier. C'était quelquefois, dit un voyageur français, cinq à six exocets qui sortaient de l'eau à la fois autour du navire, mais souvent c'était des centaines, c'était des milliers qui s'élançaient dans les airs au même moment et dans toutes les directions possibles.

Les phoques, habitans naturels des mers, ne sont nulle part plus abondans, nulle part en si grand nombre, ou réunis en troupeaux immenses, que sur les rivages des terres frappées de mort et enveloppées des glaces du pôle. C'est là, en effet, que leurs sauvages tribus se plaisent de préférence depuis des siècles, et qu'elles y sont de plus en plus refoulées par le génie destructeur de l'homme qui les harcelle et les y poursuit. Les phoques qui habitent les mers des pays chauds, ne sont jamais que des espèces isolées, tandis que ceux qui vivent près des pôles forment, au contraire, d'innombrables légions. On chasse les phoques pour leur graisse huileuse, qui est usitée dans les arts, et certaines espèces, pour leur fourrure douce et unie; mais cette chasse nécessite des dépenses considérables, et la manière dont les Anglais l'exécutent m'a été rapportée par le capitaine, avec des détails intéressans. Vous allez en juger vous-même, car je copie la note du marin.

« Les navires destinés pour cette chasse sont solidement construits, et tout y est installé avec ordre et avec la plus grande économie; l'armement se compose de barriques en bois pour mettre l'huile, de six petites barques appelées yoles, et d'un petit bâtiment dont les pièces sont séparées, et qu'on

assemble lorsqu'on est arrivé aux îles destinées à servir de théâtre à la chasse. L'équipage d'un navire est d'environ 24 hommes,
et ces marins ont généralement pour habitude d'explorer divers lieux successivement,
ou de se fixer sur une terre, et de faire des
battues nombreuses aux environs. Ainsi, il
est très ordinaire qu'un navire mouille dans
une anse sûre d'une île, que ses agrès soient
débarqués et abrités, et que les fourneaux
destinés à la fonte de la graisse soient placés
sur le rivage. Pendant que le navire est ainsi
désarmé, le petit bâtiment qui était à bord
et qu'on a construit, très fin voilier d'ailleurs, monté par la moitié environ des hommes de l'équipage, fait le tour des terres
environnantes, en expédiant ses yoles, lorsqu'il voit des phoques sur les rivages, en
laissant çà et là des hommes destinés à épier
ceux qui sortent de la mer. La cargaison to-
tale du petit navire se compose d'environ
200 phoques coupés par gros morceaux,
et qui peuvent fournir 80 à 100 barriques
d'huile. Arrivé au port où est mouillé le
navire principal, les chairs des phoques cou-

pées en morceaux sont transportées sur le rivage où sont établies les chaudières, et sont fondues. La campagne dure quelquefois trois années, et au milieu des privations et des dangers les plus inouïs; il arrive souvent que des navires destinés à ce genre de commerce, jettent des hommes sur une île pour y faire des chasses, et vont deux mille lieues plus loin en déposer quelques autres, et c'est ainsi que des marins ont été laissés pendant de longues années sur des terres désertes, parce que leur navire avait fait naufrage, et par conséquent n'avait pu les reprendre aux époques fixées. C'est en mai, juin, juillet et une partie d'août que les phoques à fourrure fréquentent la terre; ils y reviennent encore en novembre, décembre et janvier, époque à laquelle les femelles mettent bas. Un fait bien singulier, et cependant avéré aujourd'hui, c'est que ces animaux sont dans l'usage de se lester en quelque sorte avec des cailloux, dont ils se chargent l'estomac pour aller à l'eau, et qu'ils revomissent en revenant au rivage.

« La manière de cheminer sur terre que

les phoques emploient, ne s'exécute que difficilement; ce n'est qu'avec des efforts pénibles, des ondulations embarrassées qu'ils
se traînent sur la partie postérieure du corps;
leur odorat est subtil, et leur intelligence
extrêmement développée. Ces animaux se
nourrissent de poissons et d'oiseaux marins
qu'ils attrapent avec une adresse extrême. »

Je serais bien heureuse, ma chère amie,
si je pouvais toujours vous adresser des détails aussi authentiques sur l'histoire naturelle ou l'industrie des animaux. Mon en-
thousiasme pour cette admirable étude n'a
plus de bornes; mais il ne me fait pas ou-
blier les droits de l'amitié, et j'ose croire
que, de votre côté, vous vous rappelez que
vous avez une amie sincère.

## LETTRE XXXII.

### CAROLINE A ÉMILIE.

Chère amie,

Vos progrès en histoire naturelle me paraissent véritablement étonnans. Vous saisissez avec une merveilleuse facilité les détails les plus compliqués aussi bien que les descriptions les plus étendues. En lisant vos lettres, je me sens transportée, par je ne sais quel sentiment secret, vers le divin Créateur des admirables harmonies de ce monde, et j'éprouve une vive reconnaissance pour les bienfaits qu'il m'a rendus en m'arrachant au tourbillon des villes pour me ramener dans une paisible retraite à l'étude de ses magnifiques ouvrages. Si vous voulez bien me le permettre, je rassemblerai dans cette lettre plusieurs observations sur les insectes, qui, j'espère, auront de l'attrait pour vous. Pardonnez-moi si je n'écris pas avec le même

charme que vous sur les beautés de la nature; il faudrait, pour vous égaler, avoir
une ame aussi pure et aussi brûlante que la
vôtre.

Les insectes sont généralement des animaux à six pieds, qui proviennent d'œufs
que la mère a placés de la manière la plus
propre à leur conservation, de sorte que les
petits venant à éclore, trouvent à leur portée les alimens convenables; souvent même
elle les approvisionne. Ces soins maternels
excitent souvent notre surprise, et nous dé-
voilent plus particulièrement l'instinct des
insectes. Les insectes n'ont pas, en naissant,
les formes qu'ils acquièrent par la suite, et
ce n'est que par des métamorphoses suc-
cessives qu'ils parviennent à ces formes et à
ces couleurs définitives où nous les voyons
souvent briller à nos yeux. Prenons pour
exemple le papillon. Le papillon femelle
pond des œufs dont il ne naît pas des papillons, mais des animaux à corps très allongé,
connus sous le nom de chenilles ou larves,
qui vivent un certain temps dans cet état, et
changent plusieurs fois de peau. Il arrive

une époque où de cette peau de chenille sort un être tout différent, de forme oblongue, sans membres, qui cesse de se mouvoir pour rester long-temps avec l'apparence de la mort, sous le nom de chrysalide ou nymphe. En y regardant de très près, on voit en relief, sur la surface extérieure de cette chrysalide, des linéamens qui représentent toutes les parties du papillon, mais dans des proportions différentes de celles que ces parties auront un jour. Après un temps plus ou moins long, la chrysalide se fend, et le papillon en sort humide, mou, avec des ailes flasques et courtes, mais en peu d'instans il se dessèche, ses ailes croissent, se raffermissent, et il est en état de voler. Il a six longs pieds, des antennes, une trompe en spirale ; en un mot, il ne ressemble en rien à la chenille dont il est sorti.

Il est bien peu de substances végétales qui soient à l'abri de la voracité des insectes ; il en est même, tels que les termites et les fourmis, qui dévorent toutes les substances. Plusieurs espèces sont carnassières, et nous délivrent des matières animales dont la putréfaction pourrait nous incommoder. Les insectes ont beaucoup d'ennemis ; les poissons détruisent une grande quantité des espèces aquatiques. Beaucoup d'oiseaux, les chauves-souris, les lézards, etc., nous délivrent d'une partie de ceux qui font leur séjour sur terre ou dans les airs. La plupart des insectes essaient de se soustraire, par la fuite ou par le vol, aux dangers qui menacent leur existence ; mais il en est qui emploient à cette fin des ruses particulières ou des armes naturelles.

Les larves des cicindèles se creusent dans la terre un trou cylindrique assez profond, en employant leurs mandibules et leurs pieds. Pour le déblayer, elles chargent le dessus de leurs têtes de molécules de terre, se retournent, grimpent peu à peu, et arrivées à l'orifice du trou, rejettent leur fardeau. Dans le moment qu'elles sont en embuscade dans ce trou, une plaque qu'elles ont sur la tête en ferme exactement l'entrée au niveau du sol ; si une proie se présente, elles la saisissent et la précipitent au fond du trou en inclinant brusquement leur tête.

Les brachines ont des glandes intérieures

qui renferment une liqueur caustique vola-
tile et détonnante ; elles se tiennent sous les
pierres, et se rassemblent en grand nombre.
Pour épouvanter leurs ennemis, elles font
sortir avec explosion leur liqueur, qui s'exhale
aussitôt en vapeur, et qui brûle et noircit la
peau exposée à son action. Les carabes et
les meloés ont les mêmes moyens de défense : lorsqu'on les prend, ils répandent
par la bouche ou toute autre partie du corps
une liqueur caustique d'une odeur fétide.
Les escarbots, ainsi que beaucoup d'autres
insectes, contractent leurs pattes et feignent
d'être morts quand on les saisit. Les bousiers
forment avec la fiente des vaches ou des autres animaux, et même avec des excrémens
humains, des boules en forme de pillules,
en les roulant avec leurs pattes postérieures ;
c'est au sein de ces boules que sont déposés
leurs œufs. Les larves de certaines chryso-
mèles sont très singulières ; elles ont une
queue qui se recourbe en dessus, se termine
en fourche, et soutient les excrémens de l'a-
nimal dont il se fait ainsi une espèce de pa-
rasol.

Les vrillettes vivent dans l'intérieur des maisons, et leurs larves dévorent les boiseries, les meubles, les poutres, les solives, et percent le bois en y faisant une multitude de petits trous ronds. C'est à une vrillette qu'on attribue ce petit bruit singulier qu'on appelle horloge de la mort, et qu'on entend souvent le soir dans les appartemens. Il ressemble au bruit d'une montre qui serait de temps en temps interrompu. Des insectes qui ont les jambes très courtes, et qui ne pourraient pas se relever une fois qu'ils se trouveraient renversés, ce sont les taupins, qui ont la faculté de sauter lorsqu'on les met sur le dos; vous avez sans doute été plusieurs fois témoin de cette singulière faculté et du mécanisme que l'insecte emploie dans cet exercice.

Une espèce d'abeille que les naturalistes ont nommée Mégachile, ne vit pas en société comme les autres insectes de ce genre. Ces abeilles solitaires sont très curieuses à observer par les particularités de leurs habitudes, surtout de celles qui concernent la construction de leurs nids. Ce sont en général des maçonnes, des mineuses, des cardeuses, des coupeuses de feuilles et de fleurs. Les unes font leur nid sur les murs exposés au soleil, dans les pieux, le vieux bois; les autres font le leur dans la terre, et le tapissent de feuilles de roses ou de coquelicot. Les pompiles et les sphex qui vivent aussi solitairement, font leur nid dans la terre qu'ils creusent, y placent un œuf, et déposent près de cet œuf une chenille ou tout autre insecte qu'ils ont saisi et qu'ils ont tué, afin qu'il serve de nourriture à leur petit. Les femelles des Ichneumons ont à l'extrémité du corps une tarière composée de trois filets, dont les deux latéraux, par leur réunion, servent de fourreau à celui du milieu; elles percent avec cette tarière le corps des autres insectes vivans encore en larves, surtout des chenilles, et y déposent un ou plusieurs de leurs œufs. Là, ces œufs ne tardent pas à éclore, et les jeunes Ichneumons se nourrissent aux dépens de la chenille qui les contient, et en dévorent le corps graisseux sans attaquer les organes essentiels de l'insecte; ce qui fait qu'il continue de vivre et parvient souvent à se changer en chrysalide avant de mourir. Quant à la larve ichneumonide, elle se développe dans la larve qu'elle dévore, s'y transforme en chrysalide après s'être enveloppée d'une coque de soie, arrive à l'état d'insecte parfait te sort du corps de sa victime après en avoir percé la peau.

Les Cynips n'ont pas des mœurs moins singulières, et ils ont comme, les précédentes, une tarière qui leur sert à percer le parenchyme des feuilles et à y déposer leurs œufs. Aussitôt qu'une feuille a été piquée et que l'œuf a été introduit dans la plaie, les sucs nourriciers affluent vert ce point; et en très peu de temps on voit s'élever des excroissances de formes variées qui ont reçu le nom de *Galle*. Celle du chêne qu'on emploie en teinture est la plus commune. Ces excroissances présentent tantôt une cavité unique, habitée par une seule larve, ou par un grand nombre, tantôt plusieurs cavités communiquant entre elles ou séparées en autant de loges complètes qu'il y a de larves. L'œuf déposé augmente d'abord de volume, puis il en sort une larve qui se nourrit des sucs nourriciers et fort abondans de la galle. Elle augmente ainsi successivement la cavité qui l'entoure, au bout de plusieurs mois elle se transforme en nymphe, et ne paraît à l'état d'insecte parfait qu'au retour de la belle saison. Pour sortir de sa demeure, elle perce dans son enveloppe un trou du diamètre de son corps et s'échappe en volant avec légèreté.

Vous vous rappelez d'avoir vu souvent voler, le soir près des eaux, des insectes qu'on prend pour des phalènes ou papillons de nuit. Ce sont des friganes, intéressantes à connaître, surtout à l'état de larve, parce qu'elles habitent alors des fourreaux faits de différentes matières, telles que débris de végétaux, petites coquilles, grains de sables, qu'elles lient et agglutinent ensemble sous la forme d'un cylindre régulier et poli en dedans, inégal et raboteux à l'extérieur, et qu'elles traînent partout sans difficulté par suite de l'exacte proportion de ces matériaux qui rendent ces cylindres d'un poids égal à celui de l'eau. Ces friganes ne vivent pas long-temps à l'état d'insecte parfait; toutefois leur existence est plus prolongée que celle des éphémères qui ont de l'analogie avec elles, et qui doivent leur nom à la courte durée de leur vie à l'état d'insecte parfait. Il y en a qui meurent le jour même où elles se sont tranformées. Il y en a qui ne voyent jamais le soleil, car elles éclosent après son coucher et meurent avant l'aurore; enfin la vie de quelques-unes n'est que de deux ou trois heures. Cependant quelques espèces vivent encore trois à quatre jours. Les éphémères, avant d'être parvenues à l'état d'insecte ailé, ont vécu long-temps dans l'eau sous celui de larve ou de nymphe, et c'est sous ces deux formes qu'elles prennent tout leur accroissement.

C'est dans les intestins des animaux que vivent les larves d'une espèce de mouche qu'on appelle *OEstre*. La femelle, pour effectuer sa ponte, s'approche de l'animal qu'elle a choisi en tenant son corps presque vertical dans l'air; l'extrémité de son ventre porte un œuf qu'elle dépose sur la partie interne des jambes, ou sur les côtés et la partie interne de l'épaule du cheval; cet œuf qui est entouré d'une humeur glutineuse s'attache facilement aux poils de l'animal; cet œstre s'éloigne alors du cheval, pour préparer en l'air un second œuf qu'elle dépose de même. Ces œufs éclosent promptement à l'endroit où ils ont été pondus, et c'est lorsque l'animal se lèche, que cette larve s'attache à sa langue, remonte le long du gosier et parvient dans l'estomac. Ces larves se nourrissent des sucs qu'elles trouvent dans les intestins, et ne paraissent pas beaucoup incommoder les animaux qu'elles attaquent. Lorsqu'elles ont pris tout leur accroissement, elles descendent en suivant les intestins, sont rejetées à terre avec les excrémens où elles se changent bientôt en chrysalides, puis au bout de cinq ou six semaines en insectes parfaits.

La larve, ou la nymphe du Cousin, vit dans les eaux et à leur surface ; mais la manière dont elle se débarrasse de son enveloppe est aussi curieuse qu'intéressante. Cet insecte, qui vivait sous l'eau, et qui eût péri si on l'en eût tiré un instant, en un moment subit une transformation où il a au contraire tout à craindre de l'eau. Dès qu'il a dégagé de son enveloppe qui flotte à la surface, sa tête et une partie de son corps, il les élève autant qu'il peut au-dessus des bords de l'ouverture qu'il a faite à cette enveloppe, il tire ensuite la partie postérieure, et son enveloppe qui s'est en même temps relevée, devient pour lui une espèce de bateau dans lequel l'eau n'entre pas, et dont le cousin est lui-même le mât et la voilure. Une légère agitation de l'air suffit pour faire voguer le petit navigateur; mais si le cousin s'est transformé un jour où le vent a trop de prise sur son embarcation, elle est couchée sur l'eau, et le cousin est perdu sans ressource. Il est pourtant ordinaire que le cousin parvienne à faire son opération heureusement; elle n'est pas de longue durée, puisque tout le danger est passé au bout d'une minute, pendant la navigation, ses ailes se sont affermies et étendues, bientôt il en fait usage et s'envole pour chercher sa proie.

Vous avez fréquemment remarqué dans les terres un peu battues, dans les allées de jardin, de très petites buttes de terre, qui représentent en diminutif celles des taupes. Ces buttes sont l'ouvrage des courtilières, insecte destructeur qui fait le désespoir des

agriculteurs. La courtilière commune pratique, de préférence, ses galeries dans les jardins légumiers, dans les pépinières, et souvent
même dans les prairies et dans les terres à blé.
Après avoir passé l'hiver dans un trou plus ou
moins profond, suivant la qualité de la terre
ou l'intensité du froid, sans provisions, et
dans un état d'engourdissement, elle remonte
au retour de la belle saison, en prolongeant
son trou par une ligne verticale jusqu'à la surface de la terre ; là, elle travaille à former une
infinité de galeries, à un ou deux pouces de la
surface. Elle les prolonge plus ou moins en
raison de l'abondance de la nourriture, et elle
a l'attention de faire plusieurs galeries en
pente qui viennent aboutir au trou vertical, à
quatre, six pouces et même un pied de profondeur, pour parvenir à sa retraite et s'échapper quand elle est poursuivie. Cet insecte
travaille fort vite et coupe toutes les racines
qui se rencontrent sur son passage, mais non
pour les dévorer, puisqu'il est carnivore
et ne vit que d'insectes. Lors de la ponte, la
femelle s'occupe de construire un nid. Après
avoir choisi une terre ferme pour que les

pluies ne le fassent pas ébouler, elle trace une galerie circulaire, au centre de laquelle elle établit son nid. Ce nid consiste en un trou dont les parois sont lisses et consistantes, et il adhère fortement aux terres environnantes. La ponte a lieu au printemps; elle est très considérable; on compte depuis cent quatre-vingts jusqu'à deux cent vingt œufs. Les petits qui éclosent après un mois sont blancs en sortant de l'œuf, et ne se dispersent qu'après le premier changement de peau; jusqu'à ce moment, la mère en prend le plus grand soin et ne les quitte que pour aller chercher des provisions. Les chats sont très friands des courtilières et les dévorent avec avidité.

Je vais maintenant vous entretenir d'animaux fort différens et qui fournissent cette magnifique couleur écarlate qui sert à teindre nos vêtemens; je veux parler de la cochenille qu'on trouve surtout au Mexique. Quand les cochenilles sont jeunes, on les voit courir sur les branches des arbres qui les nourrissent, mais au bout de quelque temps, les femelles se fixent dans un endroit de la plante et y deviennent parfaitement immobiles. Leur corps se gonfle peu à peu, la peau se tend, devient lisse, se sèche, et les anneaux de leur corps s'effacent. C'est dans cette situation qu'elles terminent leur vie après avoir pondu leurs œufs, à qui leur corps desséché sert de couverture. Les femelles ainsi fixées tirent leur nourriture du lieu de la plante où elles sont attachées, par le moyen du suçoir de leur bec, qu'elles introduisent dans sa substance. Elles croissent dans cet état d'immobilité et changent de peau sans faire le moindre mouvement, leur peau se détachant et tombant en lambeaux. Elles acquièrent la grosseur d'un grain de poivre ou d'avantage, et à mesure qu'elles pondent, elles font passer leurs œufs sous leur corps et semblent les couver. Le mâle de cette singulière femelle ne lui ressemble qu'au commencement, bientôt après, il se fixe comme elle, devient immobile, ne prend plus de nourriture ni d'accroissement; sa peau durcit, se change en une espèce de coque, et l'insecte est transformé en chrysalide. Au bout d'un certain temps l'animal en sort à l'état d'insecte parfait, et alors il est très différent de la femelle.

Il est fort petit, muni de deux longues ailes et de six pattes, son corps est rougeâtre, couvert d'une poudre blanche, et l'on voit deux filets blancs à sa queue. C'est le corps de la femelle qu'on récolte qui fournit l'écarlate.

Vous avez peut-être jeté quelquefois un regard curieux sur ces hideux insectes qu'on appelle araignées, qui sont toutes carnassières, et sucent, à l'aide de leur bouche et de leurs mâchoires, les insectes qu'elles peuvent saisir et qu'elles tuent avec leurs crochets ou leurs pinces. Presque toutes se filent des toiles, les unes en forme de tubes ou de tamis, d'autres en réseaux irréguliers se croisant dans tous les sens, ou en réseaux réguliers, composés de cercles concentriques, coupés par des rayons, partant du centre où l'animal se tient le plus souvent. Quelques-unes jettent seulement quelques fils pour arrêter la proie, ou l'attaquent à la course, ou sautent sur elle en se tenant suspendues à un fil. Maintenant, je vais vous parler d'une autre espèce d'araignées appelées mygales, dont quelques-unes sont grandes et fortes, d'autres faibles, mais douées d'un instinct et d'une industrie qui leur tient lieu de force. Les premières qu'on rencontre dans l'Amérique méridionale, sont énormes, et peuvent occuper, les pattes étendues, un espace circulaire de plus de trente pouces de circonférence; elles vivent dans les troncs des arbres, grimpent aux branches, et saisissent quelquefois les oiseaux mouches et les colibris. La mygale aviculaire ne file pas de toile, elle s'enterre et s'embusque dans les fentes des rochers et des ravins, s'écarte souvent beaucoup de sa demeure pour chasser, et se tapit sous des feuilles pour guetter sa proie. C'est pendant la nuit qu'elle chasse, et sa force est si grande, qu'on a beaucoup de peine à lui faire lâcher prise quand elle a saisi un objet avec ses pattes. Sa piqûre est dangereuse par suite d'une liqueur blanche et vénéneuse qu'elle distille en grande quantité par la bouche. Ses œufs sont renfermés dans une coque de soie blanche d'un tissu serré, qu'elle porte toujours avec elle. Les petits qui sortent de ces œufs sont entièrement blancs, et un seul de ces cocons fournit de dix-huit cent à deux mille de ces petits.

D'autres mygales moins grandes vivent

dans nos climats et ont été observées par des naturalistes instruits. Voici le résumé de leurs observations. Ces mygales sont nocturnes comme les précédentes, et se construisent dans la terre de profonds souterrains tapissés de soie et fermés par une porte construite d'une manière fort remarquable. La mygale, maçonne du midi de la France, choisit ordinairement pour faire son nid un endroit où il ne se rencontre aucune herbe, un terrain en pente ou à pic, afin que l'eau de la pluie ne puisse s'y arrêter; elle y creuse un boyau d'un ou deux pieds de profondeur, de même diamètre partout, et assez large pour qu'elle puisse s'y mouvoir en liberté. Elle le tapisse d'une toile adhérente à la terre, soit pour éviter les éboulemens, soit pour se ménager des moyens de communication, afin de sentir du fond de son trou ce qui se passe à sa porte.

C'est surtout dans la fermeture qu'elle construit à l'entrée de son terrier, que brille tout l'instinct et l'industrie de cette araignée. Elle forme avec plusieurs couches de terre détrempée et liées entr'elles par des fils, une porte ronde de la grandeur de son trou, dont le dessus, qui est plat et raboteux, se trouve à fleur de terre, et dont la partie inférieure ou le dessous est convexe, uni et recouvert d'une toile très forte et à tissu très serré; ces fils prolongés du côté le plus élevé du trou, y attachent cette porte comme avec des gonds, de manière que, quand on ouvre cette porte et qu'on vient à l'abandonner ensuite, elle retombe d'elle-même par son propre poids. L'entrée du trou forme, par son évasement, une espèce de feuillure contre laquelle la porte vient battre, et n'a que le jeu nécessaire pour y entrer et s'y appliquer exactement; ce couvercle est absolument semblable à l'extérieur, au terrain qui l'environne, et il est difficile de découvrir l'endroit où il existe. C'est dans ce trou ainsi fortifié que la mygale femelle dépose ses œufs au nombre de trente environ. Quand on vient à inquiéter la mygale qui maçonne dans son habitation, et qu'on tente d'ouvrir la porte de son nid, elle emploie toute sa force et son adresse pour l'empê- cher. Dès qu'elle sent le moindre mouve- ment à sa porte, elle se précipite du fond de son trou et accourt à l'entrée; là, le corps renversé et accroché par les pattes, d'un côté aux parois de l'ouverture, et de l'autre à la toile qui tapisse le dessous de la porte, elle tire fortement à elle, et ne cède que lorsque sa porte est entièrement ouverte, et pour se réfugier au fond de son trou. Tant qu'elle tient sa porte fermée, elle ne craint rien, et l'on peut travailler autour de son trou et cerner la terre pour enlever son habitation sans qu'elle abandonne son poste. Si on la fait sortir de son nid, elle perd tout le courage qu'elle montrait en le défendant; le grand jour l'accable, ce n'est qu'en chancelant qu'elle parvient à faire quelques pas, ce qui porte à croire qu'elle est nocturne. C'est la nuit qu'elle travaille aussi à son habitation : si on détruit la porte d'une mygale qui se trouve dans l'île de Corse, l'insecte la reconstruit : un peu plus d'un jour suffit à cet ouvrage. La différence qu'il y a entre cette nouvelle porte et la première, c'est qu'elle n'est plus mobile.

Une autre mygale appelée cardeuse a des mœurs un peu différentes; son nid est situé

dans un terrain horizontal ; sa porte, quoique de terre, et se fermant d'elle-même par
une espèce de ressort, ressemble à un disque
dont on aurait retranché une petite portion ;
elle est attachée à un des côtés de l'ouverture, et l'entrée est libre lorsque l'araignée
est absente ; elle ne la ferme que quand elle
est dans son nid. Je vais encore vous citer
ici quelques beaux vers de Delille sur l'instinct des insectes. Je crois vous faire plaisir
en vous les rappelant :

> Je plains l'observateur qui ne voit de merveille
> Que l'homme ou l'éléphant, le castor ou l'abeille ;
> Et jetant sur le ver un regard de mépris,
> De ses humbles travaux ne connaît pas le prix.
> Non, les ponts du castor et ses riches bourgades,
> Non, des essaims actifs les nombreuses peuplades,
> Et les brillans travaux de leurs toits populeux,
> Ne peuvent surpasser ces vers miraculeux
> Qui, citoyens obscurs de notre grand domaine,
> Rivalisent d'adresse avec la race humaine.
> Ainsi que ses besoins, leur vie a ses travaux :
> Là, combien vont s'offrir de prodiges nouveaux !
> L'un, habile sapeur, en minant les feuillages,
> S'en va de proche en proche avançant les ouvrages,
> Et dans l'enfoncement de ses réduits secrets
> Trouve à la fois son nid, sa demeure et ses mets.

Sage ouvrier, que dis-je? ingénieux artiste;
L'autre assemblant le bois en adroit ébéniste,
Dans sa maison qu'il taille et construit avec art,
Loin des yeux importuns s'établit à l'écart.
L'autre roule en cornet une fenille docile,
Et dans ce simple abri choisit son domicile.
L'un d'une double coque a construit son palais;
Cet autre dans les fruits se loge à peu de frais;
L'autre dans son alcove élégamment déploie
Sa tenture de gaze et ses tapis de soie...
En adresse, en moyens, l'instinct ne tarit pas.

Voilà, ma chère amie, une bien longue lettre, et cependant je pourrais encore la rendre une fois plus longue si j'y ajoutais toutes les notes que j'ai recueillies sur l'instinct et l'industrie des insectes. J'ai craint de vous fatiguer par cette longue exposition. Toutefois, si elle vous fait plaisir, je pourrai encore extraire de mes cahiers des détails tout aussi curieux. L'histoire naturelle est une mine inépuisable de jouissances; il en est de même de l'amitié, et personne ne ressent mieux que moi cette consolante vérité.

# LETTRE XXXIII.

### ÉMILIE A CAROLINE.

Que votre lettre, ma chère Caroline, m'a semblé courte, et combien j'aurais désiré que vous voulussiez bien me continuer ces admirables instructions et développer à mon impatiente ignorance toutes ces merveilles d'un monde nouveau pour moi ! Autrefois je jetais sur toute la création un regard d'indifférence; ses détails, sans intérêt pour moi, étaient comme s'ils n'existaient pas. Le monde, sa pompe, son éclat, ses bruyans rapports, tout cela me paraissait être le centre de toutes les actions des êtres, et le but vers lequel ils devaient tendre sans cesse pour remplir les intentions du Créateur. Mais aujourd'hui un immense horizon s'est déroulé devant mes yeux, j'ai cherché à pénétrer les harmonies qui lient tous les êtres qui respirent, j'ai commencé à étudier leurs mœurs et leur histoire; j'ai tenté d'embrasser les rapports qui les unissent, et mes premiers pas ont développé mon intelligence, agrandi la sphère de mes idées, et élevé mon âme. Auparavant je voyais avec horreur un insecte ou un animal quelconque, aujourd'hui ces mêmes animaux sont devenus pour moi des objets de la plus ardente curiosité; et je m'empresse d'admirer dans l'un son étonnante structure, dans l'autre une industrie prodigieuse, et dans un troisième les lois générales de la création et les organes parfaits qui lui ont été dévolus par le Créateur, pour le rôle qu'il a été appelé à remplir par la nature.

Depuis que je m'occupe ainsi d'histoire naturelle et que j'ai appris que les animaux sont des êtres sensibles doués de sensations plus ou moins analogues aux nôtres, vous ne sauriez croire combien j'éprouve de douleur toutes les fois que je vois faire du mal à des innocentes créatures. C'est ainsi que je ne puis voir sans un regret infini de jeunes garçons s'élever sur les arbres et enlever à d'aimables oiseaux leur tendre progéniture. Je me mets à la place de cette pauvre mère qui voit la main

brutale de ces paysans arracher ses enfans
de leur nid, et souvent leur donner froide-
ment la mort sous ses yeux. Je me figure le
désespoir de ce bon père, qui a volé au loin
pour chercher de la nourriture à sa chère
famille, revenant le cœur palpitant de bonheur, avec un insecte dans son bec, et trouvant son épouse chérie dans l'abattement,
son nid renversé, et l'espoir de sa race froid
et expirant au pied de l'arbre qui lui prêtait
son ombrage. Je suis bien convaincue que
vous souffrez aussi quand vous voyez des
hommes grossiers frapper sans pitié comme
sans raison un cheval qui a épuisé ses forces
et son courage, et que le poids énorme
dont on l'a surchargé empêche d'avancer. Et
cet âne, si patient et si sobre, qui n'oppose
aux coups affreux qu'on fait pleuvoir sur son
échine qu'une patience admirable, pourquoi
le traiter avec tant de dureté? Ne voyons-
nous pas chaque jour des hommes accabler
avec un bâton des chiens, animaux si fidèles,
si dociles, si intelligens? Non, jamais je ne
pourrai me résoudre à maltraiter les animaux, et il n'y a que des hommes ignorans,

ou qui sont assez malheureux pour avoir un cœur dur et féroce, qui peuvent prendre plaisir à ces actions brutales. J'ai maintenant la pêche, la chasse, et toutes les manières de surprendre ou d'égorger les animaux, en égale horreur, et je ne puis entendre parler de ces exercices sans ressentir un mouvement de compassion et de pitié.

Peut-être, chère Caroline, me suis-je emportée un peu loin; mais si j'ai laissé échapper mon indignation sur ce sujet, c'est que je suis persuadée qu'il existe des moyens de douceur pour vaincre le naturel ou les penchans des animaux. L'exemple des tigres privés, que je vous ai fait connaître, est déjà très concluant; car je ne pense pas que ce soit avec de mauvais traitemens qu'on soit parvenu à dompter ces bêtes féroces. Mais je puis encore citer un nouvel exemple que je tiens de M. Gérard. La scène a eu lieu plusieurs fois en sa présence, et tout le pays, aux environs du château de mon père, pourrait, au besoin, en attester l'authenticité. Voici comment M. Gérard s'est exprimé :

« Jacques Mérard était un paysan grossier

et ignorant, et de la dernière classe, dont la profession était de dresser des chevaux; il avait reçu le surnom de *Chuchotteur* par la crédulité du vulgaire qui s'imaginait qu'il domptait les animaux au moyen de quelques mots qu'il leur disait bas à l'oreille. Il faut avouer que la singularité de sa méthode était bien propre à fasciner les yeux de ces pauvres paysans. On ignore comment il était parvenu à ce degré d'adresse, quels moyens il employait ou en quoi consistait sa méthode, et on l'ignorera long-temps, car il a depuis peu cessé de vivre, emportant son secret dans la tombe. Son fils, il est vrai, a tenté quelques essais; mais il est bien loin d'avoir l'habileté de son père qui, probablement, ne lui a pas communiqué tout son art, ou ne le lui a fait connaître qu'en partie. Le merveilleux de l'affaire consistait dans le peu de temps que Mérard réclamait pour s'acquitter de son ministère. La scène se passait en particulier et sans qu'il y eût la moindre apparence de contrainte ou de violence. Toute espèce de chevaux, d'ânes, de mules, dressés ou non dressés, quels que fussent leurs mauvaises

habitudes, leurs tics ou leurs vices, sem-
blaient, sans opposer la plus légère résistance,
se soumettre à l'influence magique de son
art; et Mérard n'employait guère plus d'une
demi-heure pour les rendre doux, traitables
et dociles. Cette éducation spontanée, ce
changement dans les mœurs, les goûts ou les
habitudes pour avoir été si prompt, n'en
était pas moins durable, et jamais il n'a été
obligé de recommencer le traitement. Les
animaux qu'il traitait ainsi fesaient preuve,
pour lui seul, d'une soumission sans bornes;
mais ils étaient devenus, avec les autres,
également traitables et dociles. Quand on
l'envoyait chercher pour réduire un animal
vicieux ou méchant, il ordonnait qu'on dis-
posàt convenablement l'écurie; puis il y faisait placer la bête, y entrait à son tour, en
fesant exactement fermer toutes les issues, et
en enjoignant qu'on n'ouvrît la porte qu'à un
signal qu'il se chargeait de donner. Après un
tête-à-tête entre lui et l'animal, qui durait
environ trente minutes, et pendant lequel on
n'entendait ni bruit ni effort quelconque,
Mérard donnait le signal, et au moment où

on ouvrait la porte, on trouvait ordinairement le cheval couché, et Mérard, assis à ses côtés, jouant familièrement avec lui, comme un enfant avec un jeune chien. A dater de cette entrevue, l'animal se soumettait avec une patience infinie à des travaux ou à des services pour lesquels il avait auparavant la plus grande répugnance. Je me rappelle l'avoir vu entreprendre de dompter un jeune cheval qui, jusque là, n'avait jamais voulu souffrir que le maréchal lui appliquât un fer aux pieds. Après la demi-heure de conversation avec Mérard, j'allai, plus incrédule que jamais, à la boutique du maréchal avec un grand nombre d'autres curieux : nous y vîmes le cheval ferré très proprement sans qu'il eût opposé la plus légère résistance. Ce cheval avait été dressé pour la cavalerie, et on avait été obligé de le mettre à la réforme, parce qu'on désespérait de pouvoir le réduire. J'observai, toutefois, que le cheval manifestait un léger frémissement ou mouvement de crainte toutes les fois que Mérard le regardait ou parlait en sa présence. Cependant il est bien difficile de deviner comment cet homme parvenait, en si peu de temps, à acquérir, sur un animal, auparavant indomptable, un ascendant si prodigieux. Dans les cas les plus ordinaires, il n'employait pas tant de façon; il s'approchait bravement de l'animal hargneux, lui inspirait aussitôt de la crainte et du respect sans avoir recours au singulier tête-à-tête. Un secret aussi précieux aurait dû lui procurer de la fortune, et des offres brillantes avaient souvent été faites à Mérard; mais son ambition était modérée. Passionné pour la chasse et pour son village, il vivait d'une manière fort agréable et au sein de l'abondance, relativement à sa profession; épiant le gibier presque en tout temps, dans les bois ou les bruyères des environs.

Mon père, qui était présent lorsque M. Gérard nous a conté ce fait, a manifesté plusieurs fois son incrédulité; mais ce dernier a cité tant de témoins, a accumulé tant de preuves, que mon père a bien voulu consentir à croire la vérité de cette anecdote.

« C'est, dit-il, la domesticité qui a fait naître cette foule étonnante de chevaux qui diffèrent par les qualités, les couleurs et les formes; c'est elle encore qui a pu modifier leur intelligence. Mais à travers les distances des lieux et des temps, après une domesticité de plusieurs milliers d'années, les chevaux domestiques redevenus sauvages, et ceux qui n'ont pas cessé de l'être, offrent la même uniformité de mœurs et d'habitudes. Les chevaux redevenus libres dans les déserts du nouveau Mexique et dans les plaines de Buenos-Ayres, ne doivent à aucun modèle ou aucune expérience préalable leur tactique d'attaque et de défense, tactique absolument la même que celle des chevaux des bords de la mer Caspienne, qui n'ont jamais cessé d'être sauvages. L'imitation ne leur a donc rien appris, et leurs facultés naturelles, endormies pendant des siècles, se sont réveillées sans altération. Des chevaux insurgés, appelés *alzados*, parcourent en troupes nombreuses l'Amérique australe, au sud de Rio de la Plata. Il y a de ces troupes qui comptent plus de dix mille individus. Précédées d'éclaireurs, elles marchent en colonnes serrées que rien ne peut rompre. Si quelque caravane, quelque gros de cavalerie est si-

gnalé, les chefs vont en reconnaissance ;
alors, selon l'ordre du chef, la colonne, au
galop, passe à travers ou à côté de la caravane, invitant, par des hennissemens graves
et prolongés, les chevaux domestiques à la
désertion. Ils y réussissent souvent. Les chevaux transfuges s'incorporent à la troupe,
et ne la quittent plus. Si les insurgés ne chargent pas, ils tournent long-temps autour de
la caravane avant de faire retraite; d'autres
fois ils ne font qu'un seul tour, et ne repa-
raissent plus. Chaque troupe est composée
d'un grand nombre de pelotons. Le cheval
alzado, dompté, devient docile; mais, à la
première occasion, il revient à la liberté. »

J'ai toujours pensé que, même des gens
qui paraissent assez ignorans, on pouvait
encore tirer des remarques utiles et des faits
assez judicieusement observés; c'est ce qui
arrive avec M. Gérard, qui, bien que sans
éducation, a cependant recueilli certaines
observations dont je fais mon profit quand
elles sont utiles et vraies.

Je viens d'apprendre que les belles propriétés que votre tuteur, M. de Saint-Léon,

possédait à la Martinique, ont été vendues pour une somme bien plus considérable qu'on ne pensait, et que ses affaires, qu'on avait crues, par suite de cette vente, dérangées, se trouvent, au contraire, dans un état très florissant. J'ai d'abord pensé que c'était une nouvelle assez vague qui ne méritait guère de confiance; mais les lettres qui abondent de tous côtés confirment cette heureuse nouvelle. J'en ai vraiment ressenti une joie bien pure, et tout mon cœur a bondi de joie quand j'ai pensé que vous alliez peut-être voir votre fortune se rétablir, votre long bannissement avoir un terme, et que vous pourriez venir près de nous passer, au sein de l'amitié, des jours heureux qu'embelliraient encore une solide instruction, un amour vrai pour l'étude de la nature, et une expérience, fruit des plus douces relations. Personne ne désire plus vivement ces heureux jours que votre amie toute dévouée.

# LETTRE XXXIV.

### CAROLINE A ÉMILIE.

Les bruits qui ont circulé, et qui sont parvenus jusqu'à vous, du rétablissement de la
fortune de M. de Saint-Léon, sont vrais; je
n'en puis plus douter, puisque c'est lui qui
m'annonce cette heureuse révolution. Indépendamment de la vente des propriétés qu'il
possédait à la Martinique, différentes circonstances l'ont rendu plus riche qu'il n'a jamais
été. La mort surtout de son frère aîné, garçon
très riche, l'a mis en possession d'une fortune considérable. Les faveurs de la fortune,
jointes à son activité et à l'industrie qu'il a
déployée dans le moment où le sort paraissait vouloir le persécuter, ont rétabli ses affaires, et aujourd'hui que ses moyens, son
crédit et son honneur reposent sur des bases
solides, il me propose de me rendre la fortune que mes parens, en mourant, avaient
confiée à sa loyauté et sa probité. Dans la
lettre qu'il m'a adressée à ce sujet, et où

sont détaillés tous les événemens que je viens de vous rappeler, il m'invite à retourner dans sa maison, où je trouverai, dit-il, tous les soins affectionnés qu'un père peut prodiguer à sa fille. Cette invitation, je ne puis l'accepter, quoique je sois pénétrée de reconnaissance pour les témoignages d'affection vraiment paternels qu'il n'a cessé de me donner; le sacrifice serait trop pénible. Les changemens qui se sont opérés dans mes goûts comme dans mes habitudes, me rendent tout-à-fait étrangère aux mœurs et au fracas de Paris, et j'ai surtout, pour motif de ce refus, le tendre attachement que j'ai pour madame Dufresne; je ne la quitterais pas maintenant pour toutes les richesses des Grandes-Indes, surtout depuis qu'elle m'a informée qu'elle sera prochainement privée de la société de sa chère Cécile, qui est sur le point de s'unir au fils aîné de M. Maurice. Ce mariage sourit beaucoup à madame Dufresne, mais il jette un peu de tristesse dans la maison, parce que Cécile est obligée de suivre son mari qui habite à plus de dix lieues de notre ermitage. Sans doute je serai une triste compensation pour une fille aussi accomplie; cependant tout ce que la tendresse, le respect et l'amour filial peuvent inspirer de plus délicat, je le mettrai en usage avec madame Dufresne, et ces devoirs que je m'imposerai formeront l'occupation la plus délicieuse de ma vie.

Les obligations de tous genres que je contractais avec madame Dufresne ont souvent troublé les douces jouissances qui m'environnaient auprès d'elle; je ne savais comment reconnaître comme ils le méritaient ses soins assidus et ses sacrifices pécuniaires pour moi. Ce changement inattendu dans ma fortune va me délivrer de ce souci et me mettre à même de rendre la situation de madame Dufresne et plus agréable et plus aisée. Les richesses n'auront d'attrait pour moi qu'autant que je pourrai les partager avec des amies chéries. Je suis forcée d'aller à Paris afin de faire tous les actes nécessaires qui m'assureront la possession de mes biens; mais je retarderai ce voyage jusqu'à ce que le mariage de Cécile soit célébré, afin que ma tante et ma cousine puissent m'accompagner. Il se passera bien encore quinze jours avant que j'aie le bonheur de vous embrasser. Comme de raison, notre correspondance va cesser jusqu'à mon retour de Paris; c'est alors que nous recommencerons ces communications intéressantes qui font mes délices, à moins que je n'aye assez d'empire sur vous, ma chère amie, pour vous persuader de venir vous retirer dans notre ermitage pendant quelques mois et essayer le genre de vie que j'y mène depuis près d'une année; proposition qui, je l'espère, ne sera pas repoussée. Lorsque vous connaîtrez mes chers parens, je suis convaincue que vous n'hésiterez pas un moment à l'accepter. C'est alors que mon bonheur sera à son comble, puisque je me verrai entourée par tout ce que j'ai de plus cher au monde. Je me fais déjà, en espérance, un tableau enchanteur de nos occupations, de nos promenades et de nos conversations. La famille de M. Maurice se joindra à nous et apportera son tribut d'amabilité, de gaîté et de solide instruction.

Avant de cesser notre correspondance, je réunirai encore dans cette lettre quelques observations sur l'instinct et les mœurs des animaux. Ce sera un adieu momentané qui, j'espère, ne se prolongera pas long-temps.

Vous avez souvent entendu parler des oiseaux-mouches et des colibris, et vous savez que rien ne surpasse en éclat, en richesse et en magnificence, la robe qui pare ces jolis oiseaux : l'or et le diamant semblent y être répandus à profusion ; et leurs plumes, où la lumière se joue, réfléchissent ses rayons colorés, nuancés de mille manières agréables. Les colibris habitent les contrées les plus chaudes de l'Amérique ; quelques espèces voyageuses s'en éloignent au plus fort de l'été pour aller visiter quelques contrées plus froides ; mais ils s'en retournent dès que la température commence à s'affaiblir. Quoique peu sauvages et susceptibles d'éducation, on n'a jamais pu en apporter vivans en Europe ; quelques-uns y sont arrivés, ont langui peu de jours, et sont morts de froid. Répandus en grand nombre dans leur pays natal, les colibris semblent avoir un instinct de sociabilité avec l'homme ; ils habitent aux environs de ses domaines, et sont presque constamment dans les jardins, voltigeant avec une rapidité incroyable de fleur en fleur, et s'arrêtant ordinairement d'un vol stationnaire devant l'une d'elles, jusqu'à ce qu'ils aient trouvé une branche favorable pour se reposer, et d'où il leur soit facile d'élancer leur langue fourchue et effilée au fond de cette fleur, où s'élabore une sorte de miel qui fait leur nourriture favorite. Ils sont peu défians, se laissent approcher très près, et en jetant un petit cri quand on fait mine de les vouloir saisir. Leurs pieds sont si grêles et si délicats, qu'ils sont peu favorables à la marche; aussi ne les rencontre-t-on jamais à terre. Ils se battent entr'eux avec acharnement; ils sont courageux, audacieux même, et quand il s'agit de leur couvée, on les voit alors résister à des oiseaux bien supérieurs en taille et en force, et parvenir assez souvent à les mettre en fuite. Ce courage qu'ils montrent à défendre et à protéger leur famille naissante, est un gage de la tendresse qu'ils ont pour elle; en effet, cette tendresse éclate déjà dans le soin qu'ils apportent à préparer le berceau qui doit recevoir leur charmante famille : le mâle et la femelle s'en occupent avec une commune ardeur, et la délicatesse de sa construction rivalise avec sa solidité.

Ce nid est construit en une espèce de feutre de soie et de coton artistement tissé, et revêtu, à l'extérieur, de mousses de lichens et de petites buchettes enduites de sucs gommeux. Ce nid a la forme d'un petit coquetier, il est suspendu à une branche, à une feuille, et même souvent à un brin de chaume. La ponte est de deux œufs blancs, dont le volume quelquefois surpasse à peine celui d'un pois ordinaire. Le mâle et la femelle les couvent avec beaucoup de constance pendant douze ou treize jours ; les petits en naissant ont à peu près la grosseur d'une mouche ordinaire.

Sans doute, ma chère Émilie, il est agréable de recouvrer une fortune qu'on avait perdue, et de passer de l'état d'indigence au sein de l'abondance et de la prospérité. Mais cette indigence avait pour moi des charmes ; elle m'avait appris à revenir sur moi-même, à appliquer mon esprit à d'utiles travaux, à sentir tout l'avantage qu'il y a de connaître son Créateur en étudiant ses œuvres admirables ; enfin, cette indigence était embellie par la société de deux amies, pures, vertueuses et sincères, dont l'inépuisable bonté me tenait lieu de tous les biens de ce monde.

Je ne sais quelle teinte sombre ma nouvelle fortune a jetée tout-à-coup sur la vie simple et rustique que je menais ; mais depuis que la nouvelle des succès de M. de Saint-Léon m'est parvenue, une légère mélancolie assiége mon esprit, et loin d'avoir cette gaîté franche et naïve qui embellissait auparavant ma vie, il me semble voir errer autour de moi quelques soucis rongeurs. Mais je pense, ma bonne amie, que tout cela se dissipera avec le temps ; je compte beaucoup sur votre amitié pour bannir ces légers chagrins de mon esprit et pour faire renaître le calme dans mon cœur.

Adieu, mon Émilie chérie ; je vous embrasse sincèrement jusqu'à ce que je puisse vous serrer dans mes bras. C'est un moment qu'appelle de tous ses vœux votre amie, à jamais affectionnée.

FIN.

# TABLE.

FIN.